华 章 计 算 机 │

HZBOOKS │ Computer Science and Technology

U0332610

职场魔方 系列丛书

经理人的
游牧办公学

移动互联网办公手册

包翔◎等编著

 机械工业出版社
China Machine Press

图书在版编目（CIP）数据

经理人的游牧办公学：移动互联网办公手册 / 包翔等编著. — 北京：机械工业出版社，2014.3

ISBN 978-7-111-45682-7

Ⅰ.经… Ⅱ.包… Ⅲ.办公自动化－应用软件－手册 Ⅳ.TP317.1-63

中国版本图书馆CIP数据核字（2014）第024350号

版权所有·侵权必究

本书法律顾问： 北京大成律师事务所　韩光/邹晓东

　　游牧办公是指任何职场人（Anyone）在任何地点（Anywhere）在任何时间（Anytime）利用任何可获取的智能化终端（Anything）实现任何个人效能和企业效益"双效提升"的办公方式（Anyway）。

　　以经理人为典型代表的职场人士经常在机场、办公室、会议室、论坛、宴会、家等不同场所进行包括传输资料、交流、收发邮件、时间管理、知识管理等在内的多种工作状态，这均需要通过高效的方式去推动自身工作效率的提升。

　　本书以CLUB四个维度为基础，从实际工作场景出发，重点阐述了经理人最需要的沟通管理（Communication）、学习管理（Learning）、生活管理（Usual-life）、商务管理（Business）四大类48项实战管理技巧。读者可以通过对书中所提及的移动应用进行了解、体验、运用并养成习惯，最终逐步打造职场竞争力，实现职场的华丽转身。

机械工业出版社（北京市西城区百万庄大街22号　　邮政编码　100037）

责任编辑：陈佳媛

中国电影出版社印刷厂印刷

2014年3月第1版第1次印刷

186mm×240mm·15.25印张

标准书号：ISBN 978-7-111-45682-7

定　　价：69.00元

凡购本书，如有缺页、倒页、脱页，由本社发行部调换

客服热线：（010）88378991　88361066　　　　投稿热线：（010）88379604

购书热线：（010）68326294　88379649　68995259　　读者信箱：hzjsj@hzbook.com

前 言

说到要写这本书有许多机缘巧合：一是中国银联培训中心付伟主任有一次问我，有没有兴趣写一些关于手机/Pad与职场效率提升的内容，因为这是他和我共同的兴趣之一；二是中欧商学院朱晓明院长针对EMBA开设了一门课程：云时代的教与学，听闻我想写这方面的书也表达了浓厚的兴趣，也会询问书的进展，让我非常感动；三是这本书原本就在我明年著书的计划中；四是机械工业出版社华章公司的李华君编辑和我一聊甚至一拍大腿和我大呼："我一直有出版这种书的想法，可惜没找到合适的作者，这次太巧了！"；五是我的许多客户都曾问我如何提升他们的中高层团队的"互联网思维，尤其是移动互联网思维"。正是基于这么多的机缘和巧合，我和我的小伙伴们一起编写了本书。

不得不说，市场上关于手机系统开发、手机/Pad自带功能使用的书籍数不胜数，但是关于如何真正用好手机/Pad应用，尤其是如何实实在在提升自我竞争力方面的书却一本都没有！这对我而言，既是坏事也是好事，坏在我没有任何资料可以参考，只能硬着头皮一路写下去，好在这是移动互联网化办公的第一本书！

其实，写这本书的最大难度在于"选择"应用，目前Google Play里应用数量超过100万款，苹果App Store里应用数量超过90万款，选择谁，不选择谁是很大的挑战，我不能确保所有的选择都是你所谓的"最佳选择"，但我敢确保这些都是我和我的小伙伴们亲自试验和实践过的。书中罗列的应用不及我们安装测试总数的1/5，所以任何人问我为什么推荐这款应用，我唯一的回答就是"我当时使用下来相对是最OK的"。

每个人读书时都喜欢先看前言，看完前言之后通常会提出两个问题："这本书是否适合我？"以及"这本书值得我买吗？"Well，那我也别等你琢磨这些问题了，我主动来解答你的疑问好了，等你看完前言就自然有了决定：是只买一本，还是再买一本送朋友呢？

这本书是否适合我？

几乎所有书都在一开始就吹嘘自己的书是这个领域中最好的，但这不符合我的个人风格，我喜欢开门见山的"有一说一"，因为我认为，说实话是一种态度，也是一种精神，至少在目前浮躁和虚夸的年代，我们需要坚持这种精神。这本书并非适合所有人群，但它很适合绝大多数的职场人，尤其是以下几类职场人士。

◎ 第一类：有游牧办公属性的经理人

以经理人为典型代表的职场人士经常在机场、办公室、会议室、论坛、宴会、家等不同场合自由切换，游牧办公是其"刚需"，他们随时可能需要处理包括传输资料、交流、收发邮件、时间管理、知识管理等在内的多种工作。

◎ 第二类：渴望提升个人职场竞争力的职场人士

在移动互联网时代，没有一个职场人士可以逃脱"被移动化"，随着4G时代的到来，如何在职场中领先一步，如何构建个人职场竞争力，如何树立自身的职业品牌，这都需要使用工具，很大程度上是移动互联网化的工具和思维。

◎ 第三类：超级喜欢摆弄手机/Pad的数码控

手机控、Pad控现在越来越多了，这本书很适合这部分人群。当然如果你只是拿手机或Pad来玩游戏，我建议你别买这本书，因为本书没有介绍任何游戏。

◎ 第四类：内心真正希望不断优化自己行为的人

我很清楚在很多人眼里，手机只是一个打电话的工具而已，顶多发发微博，聊聊微信。其实在我眼里，手机和Pad却是一种工具，获取信息、能力、能量的工具，而工具的最终目的是改变或优化我的行为方式和习惯，尤其是深度理解和真正运用时间管理、知识管理、人脉管理等很多实战层面的"术"与"法"。

◎ 第五类：希望提升企业或团队工作效能的人士

如果你是一个团队的领导，如果你是一个团体的成员，如果你希望能借助简单快速的方式加速团队沟通、协作的工作效率，我认为这本书应该可以给你一些启发。

这本书值得我买吗？

老规矩，别等你提问了，我先把你想问的问题解答一遍。

◎ 问题1：应用我搜索一下就出来了，有必要买这本书吗？

你说得太对了，应用的确一搜就出来了，但你不一定真的知道哪一款应用好用，或者这款应用和另外一款应用的差异在哪。你可能会说："我可以看下载人数啊。"亲，难道你没听说过"刷榜"吗？

◎ 问题2：手机更新很快，买了这本书是不是很快就过时了？

应用都是艺术品，艺术品是有中心思想的，同一个艺术家创造的一幅作品会三番五次换中心思想吗？我们这本书本质上有两个作用：一是告诉你世界上有什么应用；二是告诉你遇到的什么问题可以被这款应用解决。这两个作用和过不过时压根儿没关系。

◎ 问题3：你们推荐的应用是基于什么原则推荐的？有没有广告成分？

首先，我可以拍胸脯说，我没有拿过任何组织或个人的一分钱；其次，我没有私心去为哪个产品吆喝几声。我唯一的私心就是希望本书读者能把你发现的更多的好用的职场应用分享给我，从而帮助其他人一起成长，那我就太开心了。

◎ 问题 4：手机和 Pad 真的可以提高职场效率吗？

我做管理咨询和管理培训，时常出差或外出谈客户，我发现随时打开厚重的笔记本电脑有时候并不方便（有时候让人感觉挺土的），所以我渐渐培养自己用手机或 Pad 来处理公务，最后我发现很多琐碎的、紧急的事情其实都可以用轻便的手机或 Pad 处理掉，也正是因为我真正借助手机或 Pad 提高了工作效率，我才有了写这本书的底气，与大家聊聊这些可爱的 App。

◎ 问题 5：用手机和 Pad 工作，收入就比不用的人高吗？

这个问题很实际，我也很愿意实话实说，当然你可能不信，腾讯财经做过一期调研，得到了如下图所示的统计数据。

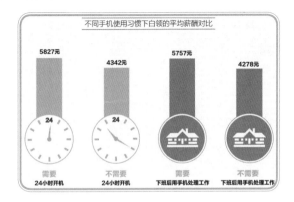

看完这本书的朋友肯定会感觉很爽，因为你感觉瞬间多了很多秘密武器，这种感觉就像你不小心掉进了一个山洞，抬头一看，哇噻，岩壁上全是《九阳真经》、《降龙十八掌》、《黯然销魂掌》之类的顶级武功秘籍，学完之后你再看周遭的所谓高手，你的自信心瞬间爆棚。但是我提醒一句，武学最高境界不是胜负，而是境界。你学习的理由只有一个：选择比知道重要，做到比选择重要！你要通过选择适合你的应用，然后逐步改变自己的行为，让优秀真正成为习惯！

最后，我还是要衷心感谢在本书创作过程中提供很多建设性建议和想法的朱晓明院长和中国银联培训中心付伟先生，同时非常感谢机械工业出版社华章公司的编辑们。在此，我非常感谢直接参与此书编写的符丰玉、王芸、王潇潇等卓旃战友们，也感谢由于咨询项目时间冲突而没有直接参与此书编写，但给予很多精神鼓励的其他卓旃战友们。另外，我也感谢参与资料整理、优化工作的俞健智、刘亚飞、高凤霞、谷月等小伙伴们。再次感谢大家愿意忍受我"完美主义"的坏习惯，迁就我有时"天马行空"的想法。谢谢大家！

2013 年 11 月

目录

第一章
每个职场人都需要学习"游牧办公术"

第一节　何谓游牧办公

自从手机出现之后，移动办公的概念随之出现。按照百度百科的定义，所谓移动办公是指利用手机的移动信息化软件，建立手机与电脑互联互通的企业软件应用系统，摆脱时间和场所局限，随时进行随身化的公司管理和沟通，有效提高管理效率，推动政府和企业效益增长的办公方式。其关键之处是"建立手机与电脑互联互通的企业软件应用系统"，简单地说，就是移动办公所使用的手机应用是你任职的企业部署的，或者要求你去安装的，最终目的是为了帮企业赢得效益。

"游牧办公"相比移动办公则是一个更新的概念，英文是 Working Nomad，Working 是"办公"的意思，Nomad 是"游牧"的意思。在欧美，游牧办公是最近比较流行的一种办公方式，原意主要是指像游牧民族一般一边旅游一边工作，工作和玩儿两不误。

本书所谈的游牧办公其实本质上有点像英文中的 Digital Nomad（数字化游牧办公者）的概念。在 WIKI 百科里是这么定义 Digital Nomad 的："Digital nomads are individuals that leverage digital technologies to perform their work duties, and more generally conduct their lifestyle in a nomadic manner. Such workers typically work remotely—from home, coffee shops and public libraries to collaborate with teams across the globe." 翻译过来就是"数字化游牧办公者是指平时以游牧式的生活方式，利用多种数字化技术去完成工作任务的人群。这类人群通常在诸如家里、咖啡吧以及公共图书馆与全球的不同团队进行远程协同办公。"其实，Digital Nomad 应该讲述的是 SOHO 一族的工作状态。

在这里，我要界定一下：本书所谈的"游牧办公"概念是指任何人（Anyone）在任何地点（Anywhere）在任何时间（Anytime）利用任何可获取的智能化终端（Anything）实现任何个人效能和企业效益"双效提升"的办公方式（Anyway）。

相比英文 Working Nomad 的旅游式办公以及 Digital Nomad 的 SOHO 式办公，我们所谈的游牧办公概念要更广一些。

- **适用的场景更多样**：不仅仅是在旅游时办公，也可能是在你去客户公司时办公等。
- **适用的人群更广泛**：不仅仅是 SOHO 一族或自由职业者，更适合现在朝九晚五的职场人士。
- **最终的目的更宽泛**：不仅仅为企业创造效益（例如：CRM 等），更关注个人竞争力提升。

第二节　碎片时代召唤游牧办公的到来

20 年前谈游牧办公这个概念是没有意义的，因为当时互联网刚刚兴起，没有太多人培养起对互联网（当时还没有移动互联网概念）的使用习惯，另外当时的网速也限制了游牧办公的发展。10 年前谈游牧办公也是没有意义的，因为当时除了台式机和笔记本，没有其他丰富的智能化终端产品。5 年前谈游牧办公也是没有意义的，因为当时的应用还没有像现在那么多，功能也没有像现在那么强大，所以很多我们想实现的工作状态不一定可以实现。所以现在来谈游牧办公才是真正扣准了时代的脉搏，也是真正赶在了时代的前列。

纵观历史，时代在演变，科技也在进步，我们的行为方式不断被改变。遥想当初，古人看书是整卷整卷地看；现代，我们开始厌倦书的厚重，开始一本本杂志地看，一张张报纸地看；互联网时代，我们进化到了一篇篇文章地看，一篇篇博客地看；移动互联网时代，我们逐步习惯一句句话地看，140 个字 140 个字地看，从整卷整卷的书，到 140 个字的微博；如今，我们甚至连文字都懒得打了，索性开始语音留言了。听说国外现在已经开始研究如何通过仪器设备解读对方的内心想法，一旦获得成功，那么我们就连说话都可以彻底省掉了。这一系列越来越快、越来越猛的变革究竟带给我们怎样的启示呢？

我认为主要有三个启示。

一是我们认知世界方式正在越来越碎片化。我们越来越浮躁、越来越难专注、越来越喜欢"刷"，我们的时间和行为方式都碎片化了，而且越来越碎。

二是"碎片化"很难被逆转，只能去适应。玩过微博的人都知道，微博是典型的碎片化的互联网社交产品，你很少会像工作一样，连续 8 小时刷屏，但你绝对会在诸如等电梯、食堂排队、上下班坐地铁这样的碎片化时间段刷微博，而且很多人说刷微博会上瘾，一天不刷微博，心里感觉缺少了什么。这说明什么呢？这说明，微博不再是可有可无的东西，而且很可能已经成为了你生活习惯的一部分。你可以戒微博吗？当然可以啦，为什么不可以呢！但你很快会找到其他碎片化的互联网或移动互联网产品去重新上瘾。这就是我们所说的"碎片症候群"。随着未来移动互联网的迅猛发展，碎片化习惯很难被真正医治，所以说，既然治不好，除了适应以外还有其他方法吗？

三是碎片化工作也未必是坏事，关键看怎么个"碎"法。根据我个人的体验，经过忙碌的一天工作之后，回到家就不太想再打开电脑工作了。但有时候的确有些"小事情"、"小工作"需要小忙一下，以往经常是硬着头皮打开笔记本电脑，为了几分钟或者半小时内能完成的事情还要打开电脑等上 2 ～ 3 分钟（不好意思，你的电脑开机速度只能击败全国 2% 的电脑），而现在我通常会坐在松软的沙发上，翘着二郎腿，拿一个 iPad 轻松应对那些"小事情"、"小工作"。我认为很方便，也很自在，至少从心理上感觉不是在"做"工作，而是在"玩"工作。后来，我逐步发现我身边这样的人还真的不少。很多朋友和我说，他回家只做两件事：陪陪孩子、玩玩 Pad（注意"玩玩"这个词）。所以，我认为，碎片化的工作未必是坏事（尽管很多人诟病），关键看怎么个"碎"法，怎么个"玩"法。

第三节　游牧办公的特点

◎ 一、优盘化工作

《逻辑思维》有一期谈到了"优盘化生存"，所谓"优盘化生存"是指像优盘一样，自带信息、不装系统、随时插拔、自由协作。节目中讲到了目前的 80 后是掉进了社会两代人夹缝之中的悲催一代，这就需要 80 后逐步成为一个"手艺人"，因为通常在一个组织里，评价一个人优劣的标尺就是领导，但如果你是一个市场中的手艺人，评价你的标尺就是你接触到的所有人的集合，即市场。相比于领导，市场会给你更公平的评价，也会给你更公平的回报。其实，我非常赞同这种努力成为"手艺人"的思维，因为我个人在公司里一直提倡"长板水桶"的概念，即一个人无论如何要培养一个专项技能（水桶的某条木板特别长），而其他常规职场技能不能太差（水桶的其他木板不能太短）。这种思维和手艺人思维如出一辙。

回到我们的"优盘化工作"话题，本书有个理念是非常关键的：永远不要奢望把手机或 Pad 当做日常办公的核心工具来用，应该将其视为移动办公、便捷办公、轻便办公的一种辅助工具。你在每天工作环境中培养的是一种常规化职场能力，在移动互联网时代，你如果结合形势，用好手机或 Pad 这些新工具，就比绝大多数人多了一块长木板。你别不服气，因为我敢说，我们书里很多应用未必是你知道的，你即使知道，哪怕天天在用，也未必用得上它们的所有功能，而恰恰有一些你尚未发掘的功能可以解决你的实际问题。这说明什么呢？这说明这就是一种机遇，你比别人了解得多，实践得多，就比别人多了一块长木板，而这块长木板不知道哪天就会帮你一个大忙，让你在领导面前留下一个深刻的印象。

二、协同化屏幕

美国硅谷导师、未来学家、《连线》创始主编 Kevin Kelly（简称 KK）写过一本非常知名的书《失控》，他在这本书里提到了很多现在的热门话题，例如：大宗智慧、敏捷开发、协作、双赢、共生、网络社区、网络经济等，这些十几年前他已经提到了，现在正在成为现实，这也足见此人之高明。据媒体报道，他在最近来中国做的一次关于未来科技发展趋势的演讲中，提出了"六大趋势"：

⊙ 屏幕（Screening） 从前屏幕只出现在电视机上，然后出现在电脑上，现在到处都是屏幕，而且越来越多。未来，所有的屏幕都可能是一个屏幕。

⊙ 互动（Interacting） 现在所谓的互动只限于我们的指尖，但 iPad、Kinect 的出现改变了一切，它和你的身体多了互动。而展望未来，将会有手势、语音、相机和其他的东西与我们身体互动，就像 Minority Report 中的互动一样。

⊙ 分享（Sharing） 大多数人认为现在的"分享"是社交媒体最高的理念，但凯利说"我们才刚刚开始"由分享自己位置的"打卡"转移到实时图片和录像分享等更高级的方式。

⊙ 流动（Flowing） "我们现在正进入一个新的网络流动时代"，我们在桌面计算机上的工作已实时地"流向"网络上，好像 Google 的 Cloud Connect 将桌面上 Office 文件同步到 Google Docs 中。

⊙ 使用权（Accessing） 我们正在迈向一个不在乎信息和媒体"拥有"权，只在乎其"使用"权的世界。我们看到网络电视 Netflix 的兴起，用户不再需要"拥有"某电影的影碟，只需有在线视频的"使用"权就可以了，这个趋势将扩展到音乐市场。

⊙ 产生（Generating） "互联网是世界上最大的影印机"。展望未来，重要的内容能以不容易被复制的方法存储在网络上，但同时也能随时随地以简单的方法付款购买得到。

值得注意的是，"未来，所有的屏幕都可能是一个屏幕"，这句话一针见血地点出了未来很重要的一个趋势就是屏幕的协同化。说白了，PC 屏幕可以用来浏览邮件或修改 PPT，手机也可以，Pad 也可以，甚至电视也很有可能可以。屏幕只是一个窗口，云端技术将大大加快共享的发展进程，从而让多个屏幕协同作业成为必然的趋势。

既然这种趋势是不可避免的一种趋势，那么游牧办公很重要的一个特点就是使用小屏（手机）、中屏（Pad）替代大屏（PC），便捷地处理一些工作。

三、互动化办公

这里所说的互动其实分为三类：人与机器的互动（人机互动）、人与人的互动（人人互动）和机器与机器的互动（机机互动）。这里的机器可以是一切智能化终端，包括但不局限于PC、手机和Pad。

- 人机互动　我们用手机记录今天消费了多少，用Pad编辑一份邮件等都属于人机互动。人机互动的核心是记录和执行程序命令。
- 人人互动　我们用微信与同事聊项目进度或办公室八卦，用Pad发起一个多方会议等，这些都属于人人互动。人人互动的核心是沟通与交流，了解彼此的想法。"机"在人人互动中仅仅充当一个辅助沟通的渠道，更重要的其实是人与人之间思想的互动。
- 机机互动　假如你在会议室给新进同事做一次企业文化和价值观的演讲，为了达到更好的演示效果，你通常会手握翻页器，一边走动一边演讲。你有没有想过，没有翻页器会怎么办？如果看完这本书，你就完全可以用自己的安卓手机或苹果手机遥控电脑播放PPT。这本质上就是一种机机互动。我们现在常说的物联网或M2M其实就是一种机机互动。机机互动的本质是自动自发或远程操控。

智能终端为我们提供了丰富的终端选择和应用选择，所以我们完全可以互动起来。而且，互动是游牧办公中非常重要的特点，如果没有互动，游牧办公就没有意义。

第四节　什么人特别适合游牧办公

哪些人适合游牧办公呢？我猜很多人会问这个问题。我们就从广义上和狭义上来探讨这个问题。

广义上，我认为只要是希望在职场上有所作为的人都适合游牧办公。我知道很多朋友会把手机/Pad当做"玩具"，认为这完全属于很私人化的工具，不应该和工作扯上关系。这种观点或认识并非错误，某种程度上也是正确的，因为通常持这种观点的人是将工作和生活做"黑白区分"的，尽可能不将工作与生活混淆起来。可是，某种程度这种观点也不一定完全可取，为什么这么说呢？因为时代已经变了，未来工作与生活的界限会越来越模糊，即使在今天，工作与生活实际上也已经很难完全割裂开。只有在一种极端情况下，可能会相对的割裂开，那就是下班后不带电脑回家并且关闭手机。据我所知，的确存在这样的世界 500 强公司，但在我十几年的管理咨询经历中也就遇见了这么一家公司而已。所以，在未来移动互联网的世界里，如果你真的想在职场中有所作为，必然会积极响应公司的调配或领导的安排，于是，你的最佳选择是"轻办公"和"快办公"。

狭义上，我认为以下几类人特别需要锻炼"游牧办公术"。

⊙ **高管领导**　随着职位的逐步升高，领导者的时间越来越碎片化，不断有客户约谈，不断有内部会议要参加决策，不断有各层员工请示汇报，这些职场人通常情况不一定能定下心端坐在电脑桌前处理一大堆公务，相反他们唯一不离身的设备可能就是手机，所以学会用手机或 Pad 处理公务，非常有价值。

⊙ **空中飞人**　那些整天穿梭在机场和宾馆之间的职场人士非常需要锻炼游牧办公术，因为他们的时间已经严重碎片化，不可能时时捧着笔记本电脑做个键盘侠。

⊙ **外勤人员**　那些经常跑客户，跑业务的外勤人员也非常需要训练自己用手机或 Pad 处理一些日常工作的能力。

⊙ **偷学之人**　职场中有一类人热爱"偷偷学习"，他们有着一颗"打不死的小强"一般的上进心，或许碍于面子，不希望自己的努力暴露在大庭广众之下，所以他们表面上会拿着手机傻傻看着，其实是在背英语单词，准备去美国哈佛读 MBA。这类职场人很有必要知道怎么用好手机或 Pad 来学习，从而增强自己的能力，为自己未来的美好前程打下基础。

根据腾讯财经的调研，从下图可以看出，承担以下工作的朋友非常需要训练自己的游牧工作术。

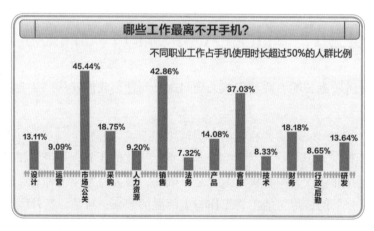

第五节　游牧办公的三大必选项

简单地说，若想实施游牧办公有三个条件。

一、无线网络

除了使用一些诸如计算器、闹钟、记事本等很 easy 的应用之外，我想不出有什么应用是不需要无线网络的。本书涉及的手机或 Pad 应用基本都是需要接入无线网络的。通常无线网络有三种方式：一种是有线网络转化的 Wi-Fi，第二种是手机套餐中的流量，第三种是蓝牙。常规的无线网络接入方式十分 easy，本书不再赘述。

在这里我们简单提一下几种应急使用的无线网络接入方式。

二、如果你和朋友在一起，你的手机没有流量了，怎么办

如果出现这种情况，我建议你"借"一些你朋友的流量，怎么借呢？其实很简单，就是让你朋友把他的手机作为无线热点使用。说白了，使他的手机不仅可以让他自己刷微博，还可以共享给你上网，比如收发邮件或使用印象笔记。

对于 iPhone 而言，在"设置"中启用"个人热点"即可。

至于 Android 手机，一般需要在"设置"→"无线和网络"→"绑定与便携式热点"中启用"便携式 WLAN 热点"，具体操作随机型和操作系统版本的不同而不同。

无论是 iPhone 还是 Android 手机，为了避免外人蹭网，我建议最好把网络的安全类型（或加密类型）设为"WPA2"，并指定一个密码。

三、我独自在外，去哪里可以蹭网呢

通过破解别人的无线网络密码来蹭网是纯粹的"黑客"行为，我们绝对不提倡。这里所说的蹭网是去蹭那些欢迎我们蹭网的 Wi-Fi。

- 如果你有急事的时候，打开手机中的"百度身边指南"或者地图应用，让它帮你找附近的肯德基、麦当劳、必胜客等快餐厅，那里有免费的 Wi-Fi。你先找到不设密码的 Wi-Fi 网络，连接之后，用手机浏览器随便打开一个网页，会自动跳转到一个需要输入你手机号码获取验证码的页面，然后你按照提示获取验证码，填写完毕后即可获得半小时至一小时左右的免费上网时间。

- 你如果想找个临时性的办公室小小地办公一下，可以去文青圣地星巴克，买杯拿铁，打开苹果电脑，装模作样地写写稿子（若真的要加班谁会去那么嘈杂的地方啊）。接入 Wi-Fi 的方式类似肯德基或麦当劳，当然你也可以直接问服务员，他们会告诉你怎么连接网络。

- 你如果碰巧在一些重要的场所需要上网，例如机场、高铁站、大型广场、医院等，可以看看有没有 CMCC（中国移动）、ChinaNet（中国电信）、ChinaUnion（中国联通）等字样的 Wi-Fi 网络，它们是由运营商提供的。如果有，就有可能免费上网，因为现在各大运营商均与政府签订了一些战略合作协议，全面推进"无线城市"或"智慧城市"计划，本质上就是在重要区域覆盖可以让民众短时（例如 1～2 小时不等）免费上网的 Wi-Fi 网络。另外，在大型商超卖场、写字楼区域、居民小区往往也有运营商提供的 Wi-Fi 网络，但不免费，你要办理运营商推出的 Wi-Fi 套餐或 WLAN 套餐才能使用。

四、如果你和同事一起去客户公司，你们临时要上网怎么办

我有一些切身体会，因为我做管理咨询和培训，经常会外出和客户一起探讨业务和方案，有时候自己也不好意思向客户要无线密码，毕竟人家在不确定你要用无线网络做什么的时候，可能会误解你。这种情况挺让人尴尬。现在有一种叫 MIFI 或 3G 无线路由器的随身无线网络设备，可以将 3G 网络信号转化成 Wi-Fi 信号，该设备外观神似普通的 MP3，最多支持 5 台终端（手机、Pad、笔记本电脑等）通过同一张手机卡（SIM 卡 /UIM 卡）同

时上网。这种小设备价格不贵，再买个 3G 流量套餐一年也就几百元，差不多一天 1 元钱，对于经常外出而且对无线上网需求量较大的朋友而言，是挺不错的选择。

二是智能终端。所谓智能终端设备是指具备开放操作系统的移动终端，支持用户安装和卸载各种应用程序，并提供开放的应用程序开发接口以供第三方开发应用程序，通常与移动应用商店及应用服务器紧密结合来灵活地获得应用程序和数字内容。智能终端设备目前没有非常官方的解释，我个人认为其实也无需特别官方的解释，因为智能终端已经融入了我们的日常生活中，我们非常熟悉。例如，iPhone、安卓手机、Windows 手机、iPad 及其他各种 Pad 是智能终端，未来可能流行的诸如谷歌 Google Glass、苹果 iWatch、Jawbone UP 健康手环等可穿戴式工具，也属于智能终端设备范畴。另外，你在餐厅见到的点餐机也是智能终端。总之，智能终端设备可以是任何形式的设备，不仅仅局限于手机和 Pad。

游牧办公中必然不可缺少智能终端，本书主要探讨以 iOS 和 Android 系统为代表的智能手机以及以 iPad 为代表的 Pad 等智能终端设备如何提升职场效率。

三是精彩应用。如果把无线网络（Wi-Fi 或 3G 网络）比作高速公路，那么智能终端设备（手机或 Pad）就像汽车，只不过是一辆仅仅可以开的车而已。要想这辆车变得强大，你可能要对车进行改装，各种精彩的应用其实就是改装技巧，可以为仅带有标准配置的车辆增加很多意想不到的功能。我认为智能终端对世界最大的贡献不是硬件芯片越来越快，也不是手机内存越来越大，而是"开放"，因为开放，所以有很多人、很多厂家愿意参与进来共同做大做强这个产业。

以前我想写这本书，但当时没有下笔的原因是应用太少，很多想法无法实现。2008 年 7 月 10 日苹果公司的 App Store 正式上线，五年后这个商店中的应用数量已经超过 90 万款，而应用下载量也早已经超过 500 亿次。2013 年 7 月 25 日，据科技网站 Android Authority 报道，谷歌 Android 和 Chrome 主管桑达·皮查伊（Sundar Pichai）宣布："Google Play 应用商店应用数量已经突破 100 万个。已经有 7000 万台 Android 平板电脑被激活，每两台售出的平板电脑中就有一台运行 Android 系统。Google Play 应用下载量达到 500 亿次，比去年增长了 200 亿。"2013 年 7 月 2 日微软宣布旗下的 Windows Phone Store 内的应用已经超过 10 万，微软花了整整 17 个月做到这个 10 万级的规模（苹果则花了 14 个月，谷歌也花了差不多 17 个月）。你可以想想，在这样庞大的应用商店中选择最适合职场人士，尤其是适合中国国情的职场人士使用的应用并非易事。游牧办公的关键之处是选择最适合的应用，而且坚持使用它们。

第二章
游牧办公的重要原则

游牧办公以提升个人职场竞争力和企业工作效率为核心，有几条重要的原则需要遵守，我将其归纳为"四要二不要"。

第一节　四要原则

所谓"四要"是指要有"互联网精神"、要有"明确的定位"、要花"必要的钱"和要做"行动的巨人"。

一、要有"互联网精神"

我写这本书很重要的一个原因是很多我咨询和培训的客户公司最高层领导很多时候会和我聊到他们的中高层领导个个都是"拿着最贵的手机，用的最便宜的功能"，用我咨询的电信行业术语来说就是"热装冷用"现象。我认为这本身是一种巨大的浪费。后来我在仔细观察并与他们进行交流之后发现，他们不缺钱，而是缺"互联网精神"。

Web1.0 的主要特点是用户通过浏览器获取信息，而 Web2.0 则更注重用户的交互作用：用户既是网站内容的浏览者，又是网站内容的制造者。很多领导的确非常忙碌，他们每天上班几乎只做三件事：看邮件，接电话，开会议。这三件事已经彻底耗尽了他们的精力和注意力，使得大多数领导还活在 Web1.0 的职场氛围中。

你如果问我："什么样的领导才算有互联网精神呢？"网络上约定俗成的互联网精神是指"开放、平等、协作、分享"。我认为这种概念太宏观了，也太虚了。我个人认为，职场领导的互联网精神很简单，概括起来就是"愿意用、喜欢用、鼓励用、推动用互联网产品去解决管理中的问题"。这里强调不但自己主动愿意去尝试用，而且自己也喜欢将其融入到日常行为中，更重要的是可以带动大家借助一切可以提高工作效率的互联网方式来工作。

二、要有"明确的定位"

本书教你如何游牧办公，但不是教你只会游牧办公以致忽略常规办公。为了避免大家误解游牧办公的定位，我必须严肃地说明，游牧办公定位于常规办公手段的有效补充，而不是替代常规办公。

这个道理很容易理解，但在一切新事物刚刚推出来之时，总会有人误解，他们倾向于相信新事物和旧事物是势不两立的。当初 3G 网络刚刚兴起的时候，很多通信业内人士热议 3G 是否会替代有线宽带。一两年后，大家终于明白了：无线网络是有线宽带的有效补充手段，两者不是替代与被替代的关系。再如，iPad 刚刚上市的时候，很多人说"iPad 一出，笔记本即死"。这种论断也非常荒谬，Pad 的定位与笔记本的定位完全不同，怎么会有替代关系？即使替代，Pad 也是替代上网本，而不是笔记本电脑。现在还有人说：笔记本和 Pad 是未来的主流，台式机将渐渐消亡。这种类似的可笑论断比比皆是，为避免误解，我们在探讨游牧办公时，需要明确其定位。

直白一些，该用电脑办公的事儿还是继续要用电脑完成，别奢望在手机或 Pad 上完成所有的工作，这不现实！但你也不需要在所有的时候用台式机或笔记本电脑处理所有的事情，在恰当的时候选择恰当的工具去办公是最好的方式。

三、要花"必要的钱"

我身边有很多用 iPhone 的朋友都越狱了，为什么越狱呢？难道他们不知道越狱会让系统不稳定吗？他们知道，但只是希望使用更多更好的收费应用而已。

究其原因，主要是在中国有着根深蒂固的"共享主义"思维，人们认为软件就应该是免费的，就应该有破解版。事实上，这种消费观是非常不理智的，为什么呢？

一包软中华牌香烟市场价位60元人民币，以一天三支的速度吸（这烟瘾绝对不算大吧），大约一周就抽完了。通常一个应用的价格大约是 6 元人民币（2 支中华的钱），一旦购买，终身升级。这笔账你觉得谁划算？即使像 Keynote 这么好的工具（68 元人民币），不过一包烟的价格，我想对于很多职场人士而言，这应该不是一个很大的经济负担吧？应该不会超过你买房买车的钱吧，呵呵。

有些应用的确是收费的，需要支出金钱成本，但你可曾想过它为你节省的时间成本和精力成本呢？其实，我认为绝大多数职场人不会真的差这几块钱，只是可能内心还没有接受这种消费观念而已，而且是暂时未接受。

游牧办公的"要花必要的钱"原则包含两层意思：一是明确一个很关键的观点"不是该不该花钱的问题，而是把钱花在哪儿的问题"。我们所罗列的应用基本上都是我们团队日常工作中经常用，并且反复实践的应用（不排除还有更好的），所以为你节省了一些搜索最合适的应用的时间成本；二是明确一个更关键的观点"能合法免费的就尽可能免费，坚决不浪费一分钱"。记住，前提是合法。我们这里所说的合法是通过合法途径下载，并非通过越狱手段获取。那究竟有没有办法可以帮我们在合法且不越狱的前提下，下载到收费应用呢？答案是肯定的。下一章就谈这个办法。

四、要做"行动的巨人"

多数人都讨厌理论的说教，喜欢用实际行动说话。我在这里也要强调一个非常重要的观点——下载百款，不如行动起来去使用一款。

游牧办公不需要你天天去关注哪些好玩的应用刚刚上市，而是需要你真正理解应用背后的思想，然后改变自己的行为，激发自己在行动上产生变化，哪怕是微小的变化但也必须是变化。举个例子，你看完了这本书，就知道如何用微博客户端的"附近的微博"这一功能去结识同行了。你就要勇敢地去实践这个方法，一定不要"看归看，做归做，最后做到哪里算哪里"。

第二节　二不要原则

所谓"二不要"是指不要做"下载狂人"和不要"盲目地用"。

一、不要做"下载狂人"

无论是 App Store，还是 Google Play，大多数应用都是免费的，甚至有些收费应用也有免费版，只是在功能上做了一些局限而已，因此有很多朋友变成了应用狂人（不是达人，是狂人）：安装了很多应用，但是很少用。

有些朋友向我抱怨自己的智能手机或 Pad 容量较小，安装不下那么多应用。其实你知道吗？你所痛苦的恰恰是很多人需要的。用过电脑的朋友都知道，无论你买多大硬盘的电脑，过个一两年，你的硬盘总会逐步充满。这也就是我一直说的"选择多比选择少更浪费效率。"

以后，不要再为自己容量不太大的手机或 Pad 自卑了，你可以仅仅把自己最喜欢的应用保留在里面。但是，一旦下载安装，就坚持使用到底。

二、不要"盲目地用"

很多朋友是看见什么应用就下载什么，而没有体系化地规划自己的手机或 Pad。相反，我们提倡"有目的地使用，有智慧地成长"。

这主要体现在以下几个方面。

一是你需要很明确自己在哪些方面做得不够好。例如：有些朋友有拖延症，你需要重点关注"时间管理"方面的应用和 GTD 方面的技巧。

二是你需要知道某种经典应用的极限在哪里。我发现绝大多数人也就使用那么几款应用，每款应用也就使用其中的 20% ~ 30% 的功能。遇到新的场景，就去找新的应用来解决新的问题，然而，很可能你已经安装的某个应用就能解决这个问题。例如：我有个客户，这家企业有 3000 多人，划分成 20 多个相对独立的小事业部性质的团队，这些小团队分散在上海的各个地方，最远的一个距离上海市中心要 90 多公里。这家公司的老总有时候经常要几个团队做个沟通会，他有一次见到我过去第一句话就是希望我推荐比较好的电话会议系统，看看要花多少万元钱才能部署。我问他：你的团队需要免费的 70 分还是 1 万元的 100 分？他瞪大了眼问我：有这样免费的 70 分产品吗？我问他：你手机上装微信了吗？他说：装了。我问他：微信的对讲机你用过吗？他反问我：微信有对讲机？这说明什么问题呢？这充分说明很多好功能可能被用户埋没了，或者说很多用户仅仅知道一款应用有某个功能，但不知道用在哪里。

第三章
手机 /Pad 快速上手

如何使用手机 /Pad，是很 easy 的常规话题，这里不再赘述。这里只谈三个主题，它们都能切实提升你的工作效率。

(1) 【玩正版】不越狱，怎么下载正版应用？

(2) 【传文件】如何将自己手机里的文件快速传给对方？

(3) 【配好鞍】哪些配件可以帮您提高工作效率？

第一节　不越狱，玩转正版

相信很多人拿到 iPhone 或者 iPad 以后，第一件事就是充满期待地打开 AppStore 下载软件，但是却失望地发现里面好多 App 都要花钱！便宜的 App 需要 6 元，而价格高的甚至高达几百元。我一直提倡对于 App 要舍得花必要的钱，但是如果你不知道这款 App 到底好不好用就花费几百元去购买，是不是会觉得心里没底呢？所以我给大家推荐一款软件——同步推，让你不越狱也能免费使用收费 App。那么你在体验了 App 之后再进行购买，支持开发者继续更新改进，使自己获得更好的用户体验，何乐而不为呢？

同步推实际上是类似于安卓豌豆荚这样的手机管理软件，既有 PC 客户端，也有 iPhone 和 iPad 版本，在首次连接电脑进行授权激活之后，你就可以在 iPhone 和 iPad 上通过同步推免费下载使用收费软件。

STEP 01　你需要在电脑上下载并安装同步推客户端，然后将你的 iPhone 用数据线与电脑连接。

STEP 02　点击正版授权按钮进行激活，这样你的 iPhone 就安装了同步推 App，并且进行了激活。通过以上步骤，你就可以在同步推这个应用商店内免费下载收费软件，实现不越狱，玩转正版 App。

第二节　想传什么，就传什么

我把文件传输分为两大类：一是自己传自己，即从自己的智能终端（例如：手机）传给自己的另一部智能终端（例如：电脑）；二是自己传别人，即自己的资料分享给别人。你可能会很奇怪，为什么这么分类？因为第一类不存在隐私规避问题，所以你选择的方式更多一些。

一、自己传自己

（一）用数据线

这是最普遍的传输方式，每个购买智能终端设备的朋友都配有数据线。与 iPhone/iPad 相比，Android 手机 /Pad 连接数据线以后更容易传输文件，很容易上手，所以本书不再讲述 Android 传输文件的操作方法。

iPhone/iPad 用数据线传输照片是最方便的。方法一：将 iPhone/iPad 连接上电脑之后，在"我的电脑"中双击 iPhone/iPad 图标，之后就可以看见 iPhone/iPad 里的相册了，你可以将图片复制到你的电脑里，或者将你电脑里的某些图片复制到你的 iPhone 中。方法二：将 iPhone/iPad 连接上电脑后，桌面上一般会弹出一个对话框，你在这里选择"使用扫描仪和照相机向导"，然后依次单击"下一步"按钮即可，如下图所示。

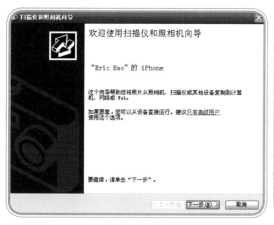

你如果要将电脑中的 PPT 传输到 iPhone/iPad 上，就要按照下文所示步骤操作。

STEP 01 首先要在 iPhone 上安装可以阅读这种格式文件的应用 App。

STEP 02 点击 iTunes 顶部的"应用程序"，然后在左边应用程序清单里面选择可以打开你希望导入的文件格式的 App 应用，例如：如果你需要导入一份你明天出差演讲的 PPT/PPTX 文件，你就可以选择 Smart Office 2 或 WPS Office 等 App 应用。

文件格式		可用 App
DOC/DOCX	Pages	Smart Office2、WPS Office、Documents、Office 助手、Office2 Plus、QuickOffice、Documents to Go 等
PPT/PPTX	Keynote	
XLS/XLSX	Numbers	
PDF	Adobe Reader、WPS Office、福昕阅读器、PDF Expert	
MMAP	Mindjet Mind、iThoughts	

STEP 03 将右边的滚动条往下拉到底部，点击"添加"按钮，选择你电脑中需要添加的文件。

添加文件后，就可以看见你的文件已经在这款应用里了。

STEP 04 打开你的 iPhone 手机中前面添加文件的应用，然后按照应用界面寻找相应的文件夹，打开添加进去的文件即可。

（二）用第三方工具

用苹果产品的朋友都知道，iTunes 是一个绕不过去的坎，苹果什么产品都注重体验，唯独 iTunes 体验欠佳。然而，这个世界最美妙的地方之一就是你觉得很别扭的地方通常都有人会开发一些产品去弥补这些缺陷，例如，第三方开发的类 iTunes 产品。

我使用过几款类 iTunes 产品，例如快用苹果助手、同步推等，发现它们功能基本一致。下文以"快用苹果助手"为例。

STEP 01 在 PC 上安装"快用苹果助手"客户端。

STEP 02 将 iPhone 或 iPad 用数据线连接到电脑，打开"快用苹果助手"客户端软件，点击最上面的你的手机名称，就进入了手机后台的清单目录。

STEP 03 右击电脑中需要导入手机的文件，在弹出的快捷菜单中选择"复制"。

STEP 04 切换到"快用苹果助手"界面，点击左边的"应用文件"菜单，选择可以打开你导入文件格式的应用文件夹，例如：要导入一份 DOCX 文件，那么就选 Smart Office2 文件夹→Documents 文件夹，进入文件夹后右击，在弹出的快捷菜单中选择"粘贴"，大功告成！

STEP 05 打开手机上的相应应用，就可以看见所导入的文档了。

经测试，第三方工具至少在以下几方面比 iTunes 有更好的体验：一是操作很简便，不费脑子；二是软件响应速度快，不像 iTunes 那样缓慢；三是可以自由添加或删减文件，像在自己电脑的硬盘里操作一样方便。综上所述，使用第三方工具传输文件是有优势的。

（三）用手机 QQ

你如果要传输照片、视频或文字（文本文件、Office 文档等），就可以通过手机 QQ 直接向电脑传输。

（四）用网盘

随着云计算的普及，网盘火起来了。现在各式各样的网盘很多，每家网盘都有自己的一些小特色（见下表）。

名　　称	初始容量 /MB	单个文件大小限制 /MB
华为网盘	5120	200
115 网盘	15 360	1024
迅雷网盘	5120	1024
金山快盘	5120	300
酷盘	5120	无限
百度网盘	15 360	2048

另外，我推荐另外一款老牌网盘服务 Dropbox。Dropbox 的 CEO Drew Houston 于 2013 年 7 月初在旧金山举行的开发者大会上宣布，在 2012 年 11 月，Dropbox 用户突破 1 亿大关，截至当前用户数已达到 1.75 亿。

Dropbox 的主要操作步骤如下。

STEP 01 将需要导入手机的文件上传至 Dropbox（前提是要注册一个 Dropbox 账户），单次文件最大限额为 300MB。

STEP 02 打开手机中的 Dropbox 应用，找到已经上传的文件，这样就可以在手机上浏览它们。

STEP 03 打开文件（文件大小和网速决定打开文件的速度）。

这样你就可以直接在手机上直接看文件了。

（五）用微信

微信有一个工具叫"文件传输助手"（微信号：filehelper），你可以加其为好友。这个工具的核心价值就是将你手机或 Pad 上的资料以自己的微信网页版进行传输，然后把这些资料从微信网页版下载到自己的电脑中。

下面以传输一个在百度云上的 PPT 文档为例。

STEP 01 在微信中添加"文件传输助手"为好友，打开对话框，选择"+"键，然后添加应用。

STEP 02 打开添加好的应用，选择你要上传的文档。

STEP 03 打开文档，选择"在'微信'中打开"即可。

最后在网页版微信上出现了你传输的文件，直接点击下载即可。

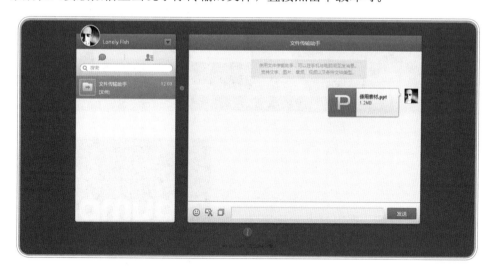

你其实可能会问："既然是网盘上的资料，我有必要通过微信下载吗？不能直接通过网盘的网页版进行下载吗？"非常正确！微信最适合传输照片或者比较小的文件，传输 Office 文件或大文件我们还是推荐直接使用网盘。

（六）用印象笔记

印象笔记本身也是一个变相的网盘，具体操作比较简单，本书不再赘述。

◎ 二、自己传别人

"自己传自己"与"自己传别人"的最大区别在于"私密性"。比如你可以将你的私密文件直接传到网盘上，但你不可能把网盘密码给别人，让别人用手机或 PC 登录你的网盘下载或浏览你的文件。

在这里我推荐一款我个人非常喜欢的文件传输工具（我同事用过后无一不爱不释手），它的名字叫 BUMP（英文原意为"碰撞"），顾名思义就是通过"碰一下"这个动作实施两个智能终端设备之间的资料（名片、照片、视频、音频、文件等）的传输，目前该传输工具提供了 Android 和 iOS 版应用。

如果你还不太理解，那很好办，只须直接在手机或 Pad 上下载一个 BUMP 应用，打开应用后，你会看到如下动画，该动画就模拟了你怎么使用这款体验绝佳的应用。

目前，BUMP 主要提供了四类资料的实时传输。

名片

照片

视频、音频、文件等

通讯录中的联系人

　　BUMP 公司早在 2011 年就进行了 1600 万美元的融资，足见其强大的市场前景。最近 BUMP 推出了一项非常赞的功能：用手机 /Pad 只要"碰一下"电脑的空格键即可向电脑传输以上四类资料。

反之，若你想把电脑中的文件传输到手机或 Pad 中，你需要做如下三步。

STEP 01 打开网页 https://bu.mp，选择"传输到手机"。

STEP 02 按照"从您的电脑选择文件"提示，点击蓝色按钮选择电脑中的某个文件，例如 PPT 文件、照片文件、Excel 文件等。

STEP 03 打开手机中的 BUMP 应用。

STEP 04 用手机"碰一下"电脑的空格键，确认弹出的窗口，实现文件传输。

经过我个人体验，在此温馨提示两点。

（1）为了避免你的心爱电脑被敲坏，正确的碰法是用手指握住手机或 Pad，用手指去碰键盘上的空格键。

（2）你如果不太清楚怎么操作，可以观看 bu.mp 首页底部的视频（翻墙）。

第三节　好马配好鞍

很多朋友花了几千大洋买到 iPhone 或三星 Galaxy 之后做的第一件事就是去路边贴膜，这在中国属于常规操作。这里小小科普一下，按照莫氏硬度标准，我们的指甲硬度差不多是 1.5 ~ 2，钢铁的硬度大致是 5，而目前主流智能手机采用的大猩猩钢化玻璃的硬度大致是 7 ~ 8，所以在某一次手机屏幕测评节目中测试了钥匙和 iPhone 放在一起跳绳十分钟、用军刀直接割划屏幕都没有任何问题，你可能就容易理解了。有一种物质很容易对你的爱机屏幕造成伤害，那就是石英，例如我们最常见的水泥地，换言之，如果你的手机掉在地上，并且屏幕在地上滑动了一下，很可能你的爱机屏幕就花了。Well，科普到此结束，现在谈谈手机或 Pad 配件的问题，我绝不推荐任何品牌，连暗示也不给，我只谈自己在职场中使用过，而且觉得确实挺好用的一些小配件。

一、Pad 外接键盘

第一次看见这种键盘的时候，我认为实在是多此一举，但后来我发现苹果自带输入法确实不太好用，记忆功能不佳，连续输入文字联想功能也不太好，于是买了一款 iPad 外接键盘，它既可以充当键盘，又能用做盖子（可惜了当时最早买的原装 Smart Cover）。经过一段时间的使用，我感觉它非常好用，使我基本摆脱了笔记本电脑的纠缠。

我目前主要在以下几种场景中使用外接键盘。

- 外出开会　　开会时候一般我很少打开笔记本电脑，而是在 iPad 上直接打开"印象笔记"，一边讨论，一边做会议记录。另外，我外出参加一些论坛峰会时候，由于座位比较拥挤而且也没有桌子，把外接键盘放在腿上做记录非常方便。

⊙ 机场候机　由于我常年做管理咨询和培训，因此在机场候机时间比较多，这时候笔记本电池续航能力不强的弱点暴露无遗，用 iPad 看电子书或者进行"轻办公"非常方便。

⊙ 沟通演示　我好几次去客户公司就只带 iPad，事先将我需要讨论的 PPT 演讲材料同步到 iPad 中，在客户公司就只拿 iPad 介绍我对项目的想法和思路，基本上达到了初步商务沟通的目的。你如果去客户公司只要和某一位客户人员交流，这时候你拿着 Pad，他看你的 Pad 屏幕，两个人谈清楚问题就可以了，根本无需投影仪。

⊙ 外出旅游　旅行本质上是不应该涉及任何工作事宜的，但由于我的工作性质，我即使出国旅行，也经常要与客户或团队成员进行邮件、视频、文件等方面的交流，我就在背包里放一个 iPad 和外接键盘，有商务急事的时候我就拿出来接上网络"小办公"一下，几分钟就能搞定了，然后该去哪里 happy 照样去 happy。

从网上可以买到多种外接键盘，价格在 200 ～ 600 元不等，本质上差异不大，根据你个人喜好选购即可。

◎ 二、Apple TV

以苹果产品为例，Apple TV 是我比较中意的一款配件。Apple TV 不是电视机，而是一款高清电视机顶盒，用户可以通过 Apple TV 在线收看电视节目，也可以通过 Airplay 功能，将 iPad、iPhone、iPod 和 PC（无论 Mac 电脑还是 Windows 系统电脑）中的照片、视频和音乐传输到电视上进行播放。简而言之，Apple TV 可以将你智能终端上的屏幕通过无线的方式投射到电视机里。

在以下几个场景中用 Apple TV 会比较适合。

⊙ 在家办公　如果你在家里的话，你就不再需要盯着小小的手机屏或 iPad 屏来进行一些"小办公"了，你可以翘着二郎腿坐在客厅的沙发上，看着电视机屏幕收发邮件、在 Any.do 中写写下周需要做的几件事情、在 DailyCost 中记录一下自己的流水账等。

⊙ 家庭娱乐　在 iPad 上播放高清大片，和家人一起在大电视前观看，其乐融融。

三、微型投影仪

如果你是 SOHO 一族，或者是现在非常吃香的"自媒体人"，你未必有正式的办公室，家很可能就是你的"战场"，那么，你可以买一个微型投影仪，在家里接待客户时，只要找一面干净的墙壁，把投影仪连接到手机或 Pad，就可以正式开始 SHOW 了。微型投影仪在各大电商网站都有很多选择，价格从几百到上千元不等。

第四章
如何管理应用

在正式推荐应用之前，我准备谈谈对应用的管理。很多人单纯下载应用，可惜很少有人会把自己的手机或 Pad 当做一个系统或体系来看。之所以谈这个问题，是因为希望大家建立一个 Big Picture，从高于应用的层次看应用。

熟悉精益生产的朋友可能知道现场管理有个很重要的 5S 原则，即：整理（SEIRI）、整顿（SEITON）、清扫（SEISO）、清洁（SEIKETSU）和素养（SHITSUKE）。其实，我们完全可以根据 5S 原则来管理我们的应用。

第一节 整理（SEIRI）：区分"要"或"不要"

首先，我问你几个小问题：

⊙ 平时你在用微信的时候喜欢发文字（A）还是发语音（B）？

⊙ 你更倾向于朋友短消息联系你（A）还是打电话联系你（B）？

⊙ 你是喜欢在手机 /Pad 上读电子书（A）还是听有声书（B）？

你如果都选 A，你很可能属于"视觉型"；如果都选 B，很可能属于"听觉型"；如果有的选 A，有的选 B，很可能属于"混搭型"——现在很流行的 style。

熟悉自己接收信息的特点，对你日后认识应用很有帮助。了解清楚自己是"视觉型"还是"听觉型"有什么意义呢？

说到这个意义，我要提一下微信，我发现一个很有意思的现象：微信中有些朋友非常喜欢发语音微信，也有些朋友基本上只发文字微信（前提是我确定他肯定知道微信可以发语音）。你不觉得这很有意思吗？是什么决定了他们的习惯呢？你思考过这个问题吗？

　　我认为这是由三个原因决定的：一是接收信息的喜好方式，即他天生喜欢听或者天生喜欢看；二是根据场景判断后采取的决策，即他认为你可能在开会，所以不方便听语音，因此可能会发文字信息；三是由风险意识决定的，大多数人觉得语音微信具有随意性的特点，所以你说出去的话，未必是考虑最成熟的，甚至里面包含很多"嗯"，"这个"，"那个"之类的停顿，一旦发出去就收不回来了，所以发文字微信比较安全，因为可以一边打字一边思考和咬文嚼字，比较保险。

　　回到我们谈的话题，既然不同的人有不同的处理方式，知道自己的喜好方式之后，你自然就可以区分到底要不要下载这款应用，你即使下载了某款违背你喜好或行为习惯方式的应用，也是很难改变自己接收信息的习惯方式去长时间使用一种工具的。记住，我说的是——长时间！偶尔体验一下，或者玩几个星期，都不能算真正改变了自己的行为方式。

　　Well，现在我要谈一下怎么区分"要"和"不要"。我个人认为，区分的唯一标准只有两个字——价值。说白了，你认为这个应用对你有没有用处，或者你在什么情况下必须要用到它。你如果从内心说服自己这个应用是有价值的，自然就会长时间使用。

　　事实上，大家对"价值"的概念是很模糊的，对这个概念的界定差异非常大。从"要"的方面来讲，男生可能喜欢陌陌（社交类）、ZAKER（资讯类）、Temple Run（游戏类）等，女生可能喜欢淘宝（购物类）、美图秀秀（摄影类）等。从"不要"的方面来讲，出差多的人很可能会安装类似携程、去哪儿等应用，对不出差的人而言，这些应用没有太多价值，他们丝毫不会考虑安装。所以，我敢说几乎没有人一款手机安装的应用全部是一样的，或多或少会有差异，即使安装的都一样，不同的人使用的频率也不一样。这就体现出大家对所谓的"价值"这个概念的界定是有很大差异的。

　　虽然每个人对于"价值"的界定是不一样的，但仍然有一些共通的规则需要遵守的。这就是我们所说的"整理"。经过实践，我总结了一个"5/3/2"原则，即手机最多50%的内存安装应用，最多30%留给相册，最少20%灵活机动。

　　手机和电脑类似，如果应用安装的多了，可能会影响速度。注意"可能"这个词。手机和电脑的运行机理不太一致，据介绍，电脑速度的快慢主要与CPU和可用内存大小有关，在电脑上装的程序多了，直接的后果是占据了更大的磁盘空间，这些程序占用的磁盘空间可能并不会导致电脑变慢，但这些软件在安装和使用中通常都会向系统目录和系统注册表中写入一些文件和数据，这些数据和文件越来越多，就会使系统越来越臃肿，导致系统运行效率下降。此外，很多程序都需要一定的磁盘空间做临时数据交换，如果占用的磁盘空间过多，也会造成速度变慢。而对于 Android 手机来说当中的原理又略有不同。Android 是一个多任务系统，在 2.x 时代，Android 的内存管理机制并没有过多限制后台程序的数量，再加上对应用的质量缺乏严格的把关，因此会造成内存越用效率越低的情况，所以你软件装得越多，用的时间越长就越卡。不过，在 4.0 版后，Android 的应用管理机制有了较大的改善，用户可以限制后台程序数量（在开发者选项里面可以选择），让程序不保留活动，节约内存。那么，为什么会有许多用户感觉到"应用装多了手机卡死"呢？这是因为现在许多 Android 应用为了自己的某些目的，在运行后会驻留内存，在后台偷偷地发送和接收数据，尤其是现在第三方市场五花八门，有不少人编写恶意软件打包上传引诱用户下载，从而拖低了速度。所以，要想使得自己的爱机保持一个良好的运行速度，关键还是保持良好的用机习惯，不要多下应用。

有些朋友，特别是女性朋友可能会问：为什么照片最多 30% 呢？难道照片多也影响速度？其实照片未必影响速度，而是在大量的照片里找一两张照片很费时间。我在 iPhone 4S 手机中曾经保存过 2000 多张照片，一直不舍得删（即使保存到了电脑上），后来发现找照片太麻烦，还不如在电脑上用缩略图概览找，而且照片放手机里也未必保险，有一次还因为系统出问题而损失了所有照片。所以，照片空间占总内存 30% 已差不多了。

第二节　整顿（SEITON）：齐放

整顿（SEITON）的原意是将东西摆放整齐，我们这里谈的是将东西妥善地进行分类。在谈分类之前，我们先要有个概念，一个手机屏幕内大约可以放多少个手机应用呢？我们研究了很多手机，发现大致上是 20 ～ 24 个。例如：苹果 iPhone4S 手机为全屏总共可以摆放 20 个应用，小米 2 手机可放 24 个应用。所以，如何利用好这 20 ～ 24 个位置可能是你必须要考虑的问题了。

以我个人为例，我将所有应用分为如下四类（仅供参考）。

低频高价值	高频高价值
iWork 系列（Pages、Numbers、Keynote）、Mindjet MindManager、计算器、手电筒等	短信、电话、电话簿、相机、设置、日历、备忘录、闹钟、相册等
低频低价值	**高频低价值**
你几乎不会下载或下载也不用的应用	游戏、灌水论坛等

不同的类别应该有不同的应对策略，我们通常可以采取如下应对策略。

低频高价值	高频高价值
放入第三屏或合并成文件夹	放在第一屏
低频低价值	**高频低价值**
果断删除	放入第二屏

高频高价值应用：这类应用必须放在第一屏。有几个应用是几乎每个人都要高频使用的，必须放第一屏，我把它们称为"标配应用"，例如：电话、短信、设置、相机、日历、一键锁屏（仅 Android 有）。这样你大约还有 15 个左右的黄金位置给你最常用和最有价值的应用。通常情况下，大多数人会把微信 /QQ、微博、天气放入第一屏，这样你还有 12 个黄金位置可以设置。我建议，有几类应用值得放在第一屏，具体应用你可以参考后面章节内容作选择。

- ⊙ 时间管理类：Any.do、Doit.im 等，强迫自己每天记录当天要做的事情，做完一件勾掉一件。
- ⊙ 知识管理类：印象笔记、Wiz 等，真正打造属于自己的"第二大脑"。
- ⊙ 资讯内容类：ZAKER、搜狐新闻等，适合等车、排队、地铁上刷屏。
- ⊙ 财务管理类：DailyCost、随手记等，培养自己每天记账的习惯。
- ⊙ 邮件管理类：自带邮件系统等，出差人士必备工具。
- ⊙ 书籍阅读类：iBook、各种电子书等，适合利用碎片时间提升自我。

所以，第一屏有大约 5 ~ 6 个位置可以由你个性化调配。真正高效的手机 /Pad 用户是相对较少点开第二屏的。

高频低价值应用：放入第二屏。这类应用由于较为常用，为了提高点击效率，可以直接放入第二屏。注意，所谓的"低价值"是指这类应用相对而言不会有很多的实质性内涵，较适合打发时间。此外，还有一些放入第二屏的应用其实是"低频高价值"应用，例如：天气、手电筒等。

低频高价值应用：合并成文件夹或放入第三屏。有很多应用对于职场人士而言是必须有，但未必是经常用的，例如：打开 Office 文档或 PDF 文件的应用、网盘等。其价值主要体现在关键时候能管用，但并非一直需要用。处理这类应用的最好方式是合并成文件夹，并且为文件夹起一个非常清楚易懂的名字，例如：我把所有打开各种文件的应用归类在"文件"文件夹下，把所有电商网站 App 都归在"购物"文件夹下。

低频低价值应用：果断删除。通常情况下，下载体验完以后，你如果觉得它不好，就会把它删除。所以本书不谈这类应用的使用策略。

以上是 iPhone 应用的整顿策略与方法，对于 Android 手机而言，整顿策略与 iPhone 是一致的，即将全体应用分为四类，不同类别放入不同屏幕，只是具体方法稍有不同。

为什么方法不同呢？这是因为 Android 在桌面设计上比 iOS 更灵活。

iOS 不区分桌面（Desktop）和应用列表（App list），桌面上只能放置应用图标和文件夹。而 **Android 把桌面和应用列表区分开来**，应用列表包含所有的应用图标，而桌面上不仅可以放置应用图标，还可以放置挂件（Widgets）、快捷方式（Shortcuts）和文件夹。

iOS 的桌面按照应用图标的数目至少分为两屏，第一屏在最左侧。而 Android 把桌面一般分为 5~7 屏，第一屏一般在正中间。

6 4 2 1 3 5 7

我认为，Google 这样设计，目的是引导用户仅在桌面上放置最常用的应用图标，多在桌面上放各种挂件和快捷方式，毕竟使用挂件和快捷方式往往比点击图标打开一款应用更方便。例如：把流量监控挂件放在桌面上，一眼就能看到消耗了多少流量；把某个联系人的快捷方式放到桌面上，点击一下就能直接给他打电话，免去了进入"电话"应用寻找他并拨号的麻烦。

你如果是 Android 用户，不妨按照如下方法整顿应用图标。

- ⊙ 第1屏：放置短信、电话、邮件、微博、微信、相机和浏览器应用，天气时钟和搜索挂件，以及经常通话的联系人快捷方式（老板、家人、最近客户等）。
- ⊙ 第2屏：放置其他的高频高价值应用。
- ⊙ 第3屏：放置高频低价值应用和一部分低频高价值应用。
- ⊙ 第4~7屏：放置一些常用的挂件，例如日历类、时间管理类、笔记类、流量监控类等。

至于没放到桌面上的应用，你可以去应用列表里寻找，也可以在第1屏的搜索栏里输入它的名称（前几个字或字母即可），让系统为你列出。

另外，据我所知，小米手机及 MIUI 系统、魅族手机及 Flyme 系统、华为 Emotion UI 系统将应用列表和桌面合二为一，桌面容纳了所有应用图标，而且保留了对挂件和快捷方式的支持。如果你是以上手机（UI 系统）的用户，建议你在第二屏和第三屏上使用文件夹组织应用图标。

为什么把搜索挂件放在第1屏？这是因为 Android 的搜索功能太强大了。例如，你想运行哪个应用，点击搜索栏输入这个应用的第一个字或字母，Android 就能把它列出来；你想给哪个联系人打电话、发短信、发邮件，也可以在搜索栏里输入他的姓名；你想上网查询信息，不需要打开浏览器，直接在搜索栏里输入即可。而且，Android 4.x 一改 2.x 缓慢的搜索速度，变得特别流畅。使用搜索挂件，能极大提高效率。

第三节　清扫（SEISO）：清除不要物品

清扫(SEISO)的目标是清理两类东西：一是清理不需要的应用；二是清理应用内的缓存，例如：微信和微博的缓存。

说到定期清理不需要的应用，关键要分清楚哪些可能是"低频低价值"的应用，其实很多时候，应用都有一定的阶段性，例如：你买车的时候，可能会关注很多车讯的App；你学车的时候，可能会下载好几款驾校题库App；你怀孕的时候，可能会安装一些孕期资讯的App；你孩子还小的时候，可能会使用一些早期教育的App……总之，你所处的阶段不同，对应用也会不同，你要做的只是在这个阶段结束以后适当清理你的应用。

我个人认为，无论如何，手机/Pad应用总数最多别超过三屏，最好是两屏。对于iPhone/iPad而言，去掉底部的四个固定应用之外，大约有16个是你自己可以设置的，三屏总共可以放多少呢？一共可以放48个。对于Android而言，首先，应用列表中的应用也是最多别超过三屏，由于不同手机每屏容纳的应用数量不同，三屏可以放36~72个应用；其次，为了容纳足够你使用的应用图标、挂件和快捷方式，桌面需要安排5~7屏。

说到清理不需要的缓存，iOS和Android又有所不同。Android有统一的缓存管理机制，你可以在"设置"→"应用程序"→"管理应用程序"界面中，清除某个应用的缓存。而iOS无此机制，只能依赖某个应用能够清理自身缓存。如果某个应用缓存过大却不能清理自身缓存，你要么将其删除后重装，要么使用第三方工具进行清理。

第四节　清洁（SEIKETSU）：
提醒方式规范化

清洁（SEIKETSU）的原意是"制度化、规范化"。我们这里谈的清洁是指提醒方式的规范化。对于iPhone/iPad而言，我将其提醒方式分为三级。

- ⊙　一级（最高级）：声音+震动，非常适合电话、短信、邮件等最重要的应用提醒。
- ⊙　二级（中级）：震动/红色标记，适合经常使用的时间管理类应用提醒。
- ⊙　三级（末级）：无任何提醒。

其分类和标识如下图所示。

我遇到好几个使用iPhone的朋友问我为什么微信上的红色标记去不掉，搞得他看见有人给他消息，他就要点开，很浪费时间。我在这里提一下屏蔽这种提醒的方法。

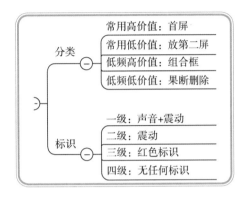

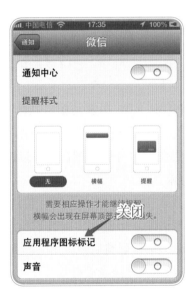

第一步

第二步

对于 Android 而言，我也把提醒方式分为三级。

⊙ 一级（最高级）：声音＋震动＋通知栏文本提醒，非常适合电话、短信、邮件等最重要的应用提醒。

⊙ 二级（中级）：震动＋通知栏文本提醒，适合经常使用的时间管理类应用提醒。

⊙ 三级（末级）：无任何提醒。

Android 将所有文本提醒统一放在通知栏中，文本提醒不会单独弹出，也不会在应用图标上附加红色标记。

你如果使用 Android4.1 或更高版本，只要下拉通知栏，长按某条提醒，然后点击"应用程序信息"，就可以看到这条提醒来自哪个应用。只要取消勾选"显示通知"复选框，就关闭了相应的文本提醒。

你如果使用的是低版本 Android，就只能使用第三方应用关闭文本提醒了，例如 LBE 安全大师、360 手机卫士、Notification Toggle，不过，前提是你的手机需要 ROOT。

至于声音或震动提醒，Android 不能像 iOS 那样统一管理各个应用的声音或震动提醒，你只能到这个应用的设置界面中手动操作。不过，好在绝大多数常见的 Android 应用都能允许手工设置声音或震动提醒。

第五节　素养（SHITSUKE）：
培养良好的习惯

素养（SHITSUKE）原意是指培养良好的习惯。在智能终端使用中也需要积极培养良好的使用习惯。这里列出一些良好的使用习惯作为本章的小结。

（1）应用总数尽可能控制在三屏以内，两屏为宜，可以将多个应用分类组织在文件夹内，节约屏幕空间。

（2）多多琢磨哪些应用放入第一屏这个黄金位置。

（3）定期清理 App 缓存，卸载不太常用的 App，以免影响手机或 Pad 速度。

（4）睡觉之前最好将后台应用全部关闭，如有必要，就连数据网络和 Wi-Fi 也一起关闭，以免手机偷偷消耗流量或电量。

第五章
玩转职场七种武器

　　本书推荐的应用很多，各有各的特色，其中蕴含着各自的管理思维和设计思维。我基于"不玩多，只玩精"的著书宗旨，向你介绍七类武器（不仅仅是七款应用）。这七个方面的工具基本可以满足你对职场效率提升的需求，所以属于"必装"系列，希望你无论如何都要坚持使用它们，不仅要做到会用，还要做到用精，避免"为了用而用"，通过使用它们，逐步养成自我管理的优秀习惯，最终提升自己的职场竞争力。

第一节　玩转沟通

　　沟通是商务活动的第一步，好的沟通方式不仅可以提升自我交流能力，而且能给客户留下好的印象。因此，一款强大的沟通 App 将是你的工作必备。

　　微信是 2012 年最火的即时通信软件，能让职场中的沟通更加便利。我将从微信的基本功能和典型应用场景两方面进行介绍。注意，我推荐的微信版本为 5.0，未安装微信或未更新版本至 5.0 的用户请参照下文及时安装或更新。

◆ 推荐应用

微信（扫描二维码可下载）

微信	iOS	Android

一、微信的使用方法

微信是一款即时沟通工具，沟通是其本质。我将为你完整地剖析一次微信沟通流程，即：添加好友→开始沟通→微信分享。

（一）：添加好友

如何在微信中添加同事/领导/客户/朋友

你既可以通过摇一摇、附近的人、漂流瓶来添加陌生好友，即添加弱关系；又可通过扫一扫、从 QQ 好友列表添加、从手机通讯录列表添加等方式添加熟悉的好友，即添加强关系。

STEP 01 添加陌生好友：在微信主菜单中点击发现按钮，进入好友添加界面。

⊙ 点击扫一扫，然后将对方的二维码信息置于扫描框内，即可添加对方为好友。当然扫一扫的功能不仅仅是添加好友，它还可以用来扫描各种二维码（例如本节开头提供的微信下载二维码）和一维码（书、CD、光盘的条码）。这些功能需要你逐一体验。

⊙ 点击摇一摇，然后摇动手机，就能搜索到和你同时摇手机的人，进而可以将其添加为好友。

- 点击附近的人，就能找到你身边的微信好友，选择你想添加的人，点击头像即可发送添加请求。
- 点击漂流瓶，你可以向"大海"里"扔"或"捡"瓶子。如果你捡到一个瓶子，就可以将扔瓶子的人加为好友；如果你扔出的瓶子收到别人的回应，你也可以加对方为好友。

STEP 02 添加熟悉好友：你如果想添加现实生活中的朋友，可以通过"通讯录"或"搜号码"添加。注意，在与对方面谈需要互加微信时，可以用此方法。

- 点击通讯录按钮，然后点击右上角的加号按钮 + 号。
- 点击搜号码按钮，然后输入对方的微信号 /QQ 号码 / 手机号即可。

你如果是第一次安装微信，肯定希望知道哪些熟悉的朋友也在用微信。有没有办法批量导入他们的微信号呢？你可以通过两种方法添加："从 QQ 好友列表添加"和"从手机通讯录列表添加"。

- 点击从 QQ 好友列表添加，然后选择 QQ 好友头像即可将其添加为好友。
- 点击从手机通讯录列表添加，选择通讯录中的好友点击添加。

你也可以添加一些感兴趣的公众账号，例如：我的公众微信账号是"职场魔方"，它主要分享一些最贴近实战的职场工具或应用技巧。

点击查找公众号，输入公众号的名称即可订阅你喜欢的微信公众账号。

仔细看图你会发现图中底部的提示"按住按钮，添加身边的人"，这也是添加好友的方式，它和"添加附近的人"功能相近，你可以自行体验。

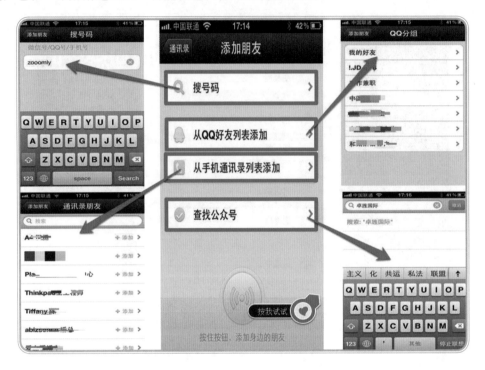

（二）开始沟通

1. 如何用微信发免费的语音短信

微信用户之间不仅可以相互发送文字、语音、图片，名片以及地理位置，而且可以发起视频聊天、实时对讲以及语音输入。但是我们最常用的也就是发发文字、讲讲语音以及传个图片，此处我们主要介绍前五种聊天方式，关于语音输入和实时对讲机我们将在下一小节中做详细介绍。

STEP 01 发送文字：点击输入框空白处输入文字，编辑完文字后点击发送按钮。

STEP 02 传送语音：首先点击左侧的语音按钮，然后按住说话键直接说话，说完后松开手指，语音自动发送。如果想取消语音发送，只需在说话时将手指轻轻上移即可。

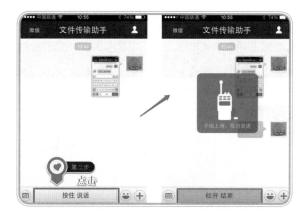

STEP 03 传送图片：点击照片按钮→选择要传送的照片，点击完成按钮。

STEP 04 传送名片：点击名片按钮→选择要发送的联系人→点击是按钮 即可。

STEP 05 传送地理位置：点击位置按钮→点击发送按钮。

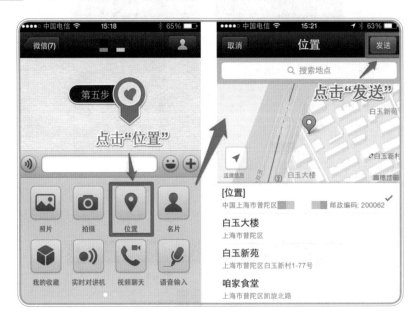

（三）微信分享

1. 如何在朋友圈中打造平易近人的职场专家形象

现在是眼球经济时代，所谓的专家往往是打造出来的，未必是真的。你肯定每天都看到微信好友在朋友圈中分享各种美食、旅游、心灵鸡汤，你是否希望能像他那样展露专家形象呢？在打造专家形象之前，先学习一下如何在朋友圈中分享照片。

STEP 01 打开朋友圈界面→点击右上方的相机按钮，然后选择用手机拍摄照片或者从手机相册中选择照片。

STEP 02 点击屏幕左下方的完成按钮，再点击发送按钮。在发送之前，你也可以为图片配一些文字说明，还能设置其他用户是否可见这些图片，更能 @ 好友查看。

给力小技巧

如何在"朋友圈"打造一个职场专家形象？

（1）分享一些专业领域的内容，例如：你是HR，就分享一些人力资源方面的内容，让同事觉得你很关注工作。

（2）参加行业峰会、研讨等会议时候的现场照片，甚至发上一条某位大佬发言的精华语录，让别人感觉你很用心。

（3）遇到有大牛或大佬参加的宴请，别忘记拍几张美食，然后点评几句大牛分享的观点，让朋友们感觉你不是在应酬，而是在研讨专业。

（4）遇到了大师，请厚着脸皮求合影，发到朋友圈一定会引起同行一番美慕嫉妒恨的点评。

（5）在朋友圈少发心灵鸡汤类，因为这会让别人感觉你爱灌水。

（6）双休日，可以拍几张正在阅读的书的正文，引发大家的讨论，也彰显自己爱读书的形象。

（7）现在是读图时代，尽可能多在朋友圈里发图文，但偶尔也发一条纯文字，例如："认知盈余"理论对企业市场营销究竟有哪些借鉴作用呢？

（8）偶尔发一张精彩的照片，直接点评"不解释"，让大家觉得你很接地气。

2. 如何在朋友圈转发有价值的内容

每当你看到好的文章你总想分享给自己的朋友、同事甚至是你的boss，如何将图文信息分享至朋友圈呢？

`STEP 01` 打开图文信息→点击右上角的…按钮。

`STEP 02` 单击分享到朋友圈按钮。

3.如何在朋友圈中发纯文字信息

前文已经讲过如何在朋友圈中发图片和图文信息，那么请问如何将自己的心情用几行字发布在朋友圈中？这个功能隐藏较深，大部分人很难发现。

STEP 01　打开朋友圈→长按右上角的相机按钮，在弹出的空白框中编辑文字。

STEP 02　点击发送按钮即可将纯文字信息分享至朋友圈。

二、微信的典型应用场景

在职场中，你可以将微信组织沟通的能力发挥得淋漓尽致。通过微信，你随时可以发起各种形式的对话和讨论，组织活动或者分配任务。我将从一对一、一对多、多对多的沟通方式出发，阐述微信在职场中的一些经典应用场景，并进一步为你解决海量微信信息保存的问题。

场景1：如何实现"我说话，微信帮我打字"的功能

你需要用微信编辑一条文本短信，但双手都不便打字。

针对这一场景，你可以借助"语音输入"，只靠说话来编辑这条文本信息。

STEP 01　在输入栏旁，点击加号按钮＋。

STEP 02　点击语音输入按钮。

STEP 03　指示灯变亮之后，开始说话。说完后微信会自动检测你的语音并转化成文本。如果你长时间不说话，它会进入"休眠"状态，此时你需要重新点击它才能正常使用。

STEP 04 点击发送按钮即可将信息发出。

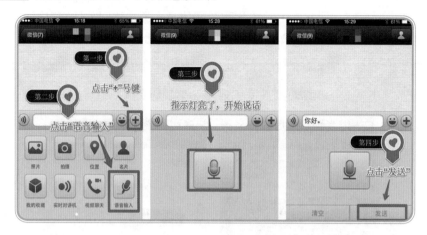

场景2：如何用微信开免费的电话会议

⊙ 领导出国，但你有事情要向他汇报，打国际长途太贵。

⊙ 你希望不麻烦领导安装其他应用就能和你免费沟通。

针对以上场景，微信的对讲机功能可以帮助你。多人开会也可以用这个功能。

STEP 01 各方提前约好沟通时间（这个很关键）。

STEP 02 点击实时对讲机按钮，发起对讲。

STEP 03 等待他人进入实时对讲机。

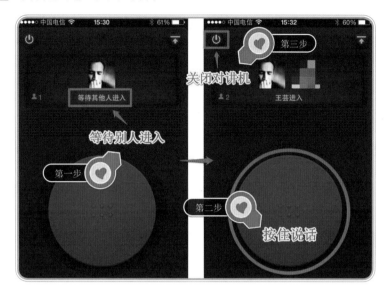

场景 3：如何用微信组建兴趣小组或跨部门沟通团队

公司经常会因为要完成某个阶段性项目而组建一个跨部门的虚拟团队，经常有些问题需要一起交流讨论，每次召集团队成员一起开会不但耽误大家时间而且效率也不高。

针对这一场景，你可以使用微信群聊解决。

STEP 01 点击微信主菜单底部的微信按钮，再点击右上角加号按钮 + 。

STEP 02 选择联系人。

STEP 03 开始群聊，点击右上角内容开可以查看群组成员。

👤 场景 4：如何保存重要的微信信息

你想保存微信中的一些重要的信息以供日后使用，例如：

⊙ 朋友和家人间互发的图片、文字、视频、甚至地理位置信息；

⊙ 公众账号推送的震撼新闻和生活百科等有用信息。

针对这一场景，可以使用"我的印象笔记"公众号。

STEP 01 关注公众号我的印象笔记，根据返回的信息注册并绑定账号。

STEP 02 长按你要保存的信息，在信息的上方选择公众号。

STEP 03 选择我的印象笔记，信息保存成功，读者可以在自己的印象笔记中查看保存的微信信息，印象笔记将在后文中详细介绍。

场景 5：如何将喜欢的公众微信号生成手机桌面快捷方式

仅有 Android 版的微信 5.0 或更高版本才能实现此功能，我以"卓旌国际"公众号为例介绍。

STEP 01 先进入订阅号，找到卓旄国际的公众号。

STEP 02 点击进入对话框，然后点击右上角的头像。

STEP 03 进入公众账号资料选项卡，点击右上角的按钮…。

STEP 04 在弹出的菜单中选择卓旌国际的图标，此时桌面已经生成该公众账号的桌面快捷方式。

◆ 更多精彩

　　请在微信中扫描左侧二维码关注"职场魔方"公众账号，阅读更多精彩信息，与本书作者团队交流。

回复"微信"（不需要引号）查看更多使用场景和使用技巧。

第二节　玩转邮件

邮件是工作中最常用的沟通工具，根据腾讯财经的调研，用手机处理邮件的人占到57.37%，如下图所示。

几乎每个职场人士都拥有公司邮箱和多个私人邮箱，管理它们很让人头疼。你是否需要找一款专门管理自己各个邮箱的 App？其实，iOS 和 Android 平台都自带邮件系统，足以帮你解决问题，根据"少即是多"的原则，我推荐系统自带邮件系统。

一、邮件的基本功能

职场人士如何高效管理公司和公共邮箱？你是否因经常错过公司发来的重要邮件而恼怒不已？我将从配置邮箱和邮件提醒两方面入手，助你解决邮件难题。另外教你如何用自带邮件系统发送邮件。

（一）配置邮箱

1. 如何在手机中设置公共邮箱

职场人士基本都有自己的公共邮箱，统一管理这些公共邮箱能够帮你节约大量的时间和精力。首先，你需要登录自己的邮箱，在"设置"中开启 POP3、SMTP 和 IMAP 服务。

首先介绍 iOS 平台下的操作。

STEP 01 点击设置按钮→点击邮件、通讯录、日历。

STEP 02 点击添加账户，此时有两种情况需注意。

情况一：如果你的邮箱已经列在表中，例如 126 邮箱，只需点击一下，然后输入你的邮箱地址和密码，点击存储 按钮即完成配置。

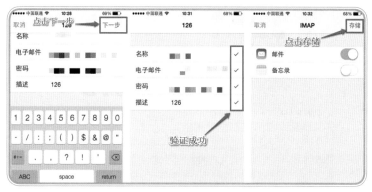

情况二：如果你的邮箱不在已有邮箱列表中，则点击其他，以搜狐邮箱为例，输入搜狐邮箱的地址和密码，点击下一步开始邮箱验证。公共邮箱的收件服务器（IMAP）和发件服务器（SMTP）主机名都为公开信息，你可以在网上搜索填入。

2. 如何在手机中设置公司邮箱

如果你的公司愿意为你设置邮箱收、发服务器的主机名，那你可以继续往下阅读；如果公司封杀外部端口访问公司内部邮箱系统，你可略过此节。

STEP 01 点击添加账户→点击其他，填写你的公司邮箱和密码，点击下一步按钮。

STEP 02 此处需要公司技术部门向你提供收件服务器和发件服务器的主机名。填完之后点击存储按钮即可。如果需要修改发件箱和收件箱的端口，也需通过公司技术部门来操作。

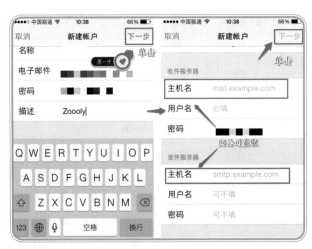

下面介绍 Android 平台的情况。Android 平台一般需要进入"邮件"应用，点击菜单键（Android 2.x）或三点水按钮▤（Android 4.x）→账户设置→新建账户，后面的操作与 iOS 平台类似。对于公共邮箱而言，发件箱服务器地址和收件箱服务器地址是公开的，你可以上网搜到，完成配置。注意，一定要将收件箱服务器的类型设为 IMAP，这样会为你节省流量。对于公司邮箱而言，发件箱服务器地址和收件箱服务器地址是保密的，因此需通过公司内部技术人员辅助配置。

相关参考文章的网址为 http://wenku.baidu.com/view/4f5b81fe770bf78a65295480.html。

在职场中，邮件最大的功能就是传递各种资料，商务人士最常使用的功能是收发邮件。我将向读者介绍如何用系统自带的邮件系统收发邮件。

下面介绍在 ios 平台中如何收发邮件。

（二）接收邮件

如何接收邮件

STEP 01 点击桌面上的 Mail 图标，然后点击收件箱。

STEP 02 点击邮件，在屏幕下方可以进行刷新、移动、删除、回复操作。

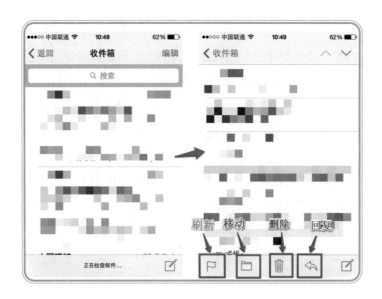

（三）发送邮件

如何用自带邮件系统发送邮件（ios 平台）

STEP 01 点击收件左下方的新建邮件按钮。

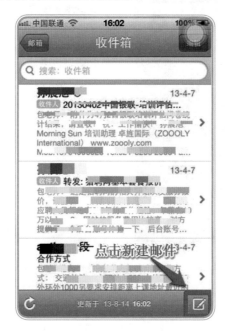

STEP 02 编辑邮件，然后点击右上方的发送按钮。

Android 也内置了邮件功能，进入"邮件"应用就可以收发邮件，操作与 iOS 类似，这里不再赘述。

二、典型应用场景

场景 1：如何免费使用邮件到达的短信提醒服务？

目前，提供免费邮件到达短信提醒的有五家：网易、QQ 和三大电信运营商。

- 网易：100 条 / 月，每天最多接收 10 条，接收时间段为 8:00 ~ 22:00。
- QQ：一个月最多 20 条，全天候接收短信。
- 中国移动：不限短信提醒数，全天候接收短信，邮箱申请网址为 http://mail.10086.cn/。
- 中国电信：不限短信提醒数，全天候接收短信，邮箱申请网址为 http://mail.189.cn/。
- 中国联通：不限短信提醒数，全天候接收短信，邮箱申请网址为 http://mail.wo.com.cn/。

你可根据自身情况申请相应的邮箱，参照前文在手机中设置好邮箱，这样你不仅可以查看邮件还能随时收到新邮件的短信提醒。

场景 2：公司邮箱如何设置短信提醒

你想在收到公司内部或者客户的邮件时也让短信提醒你。针对这一场景，如果公司邮箱可以个性化设置并且支持自动转发，你可以使用这一功能。只需要去你公司邮箱的"设置"页面中启用"自动转发"，将公司邮箱内的邮件自动转发到某个可以免费收到短信的公共邮箱中，例如：××@139.com。

场景 3：有哪些 App 比较适合手机收发邮件

▲ 使用场景

⊙ 出差在外，且没有带电脑，但你需要处理紧急邮件。

⊙ 前文"玩转邮件"章节中提到可以将手机号码与三大通信运营商的邮箱绑定，你收到邮件时会收到短信提醒，回复短信即回复邮件，用短信处理紧急情况，但是用短信回邮件不方便，而且可能会收取费用。

针对这些场景，最好直接用手机收发邮件，那么除了 iOS 或 Android 自带的邮件客户端，还有没有其他选择呢？答案是肯定的。我再推荐两个好用的第三方邮件客户端，iOS 和 Android 各一个。

◆ 推荐应用

Aico Mail 是截止到本书发稿为止唯一支持发送语音邮件、拍照视频邮件、手写手绘邮件的手机邮件客户端，支持 POP、SMTP、IMAP 和 Exchange 电子邮件协议，支持多家邮

箱账户的绑定，也支持企业邮箱，可以实时收发邮件、高速下载附件，还支持发送名片、手写签名等商务功能。

Sparrow 支持 POP 和 IMAP 的邮箱，支持简体中文，目前无 iPad 版本。操作技巧：将手指放在一封邮件上，然后往左拉，就会出现几个动作选项，分别是转发、加星标、设置标签、存档和放入垃圾箱。在平时不是大批量处理邮件的时候，这个动作很方便。

◆ 更多精彩

请在微信中扫描左侧二维码关注"职场魔方"公众账号，阅读更多精彩信息，与本书作者团队交流。

回复"邮件"（不需要引号）查看更多使用场景和使用技巧。

第三节 玩转知识

◆ 推荐应用

| 印象笔记 | iOS | Android |

　　印象笔记分国际版和中国版。注意，本书推荐的是中国版！为了让你随时随地保存笔记并且同步至各个设备，印象笔记为用户提供三种管理工具：手机/pad 应用、桌面软件以及网页版。在本节，我将介绍建立笔记、管理笔记及与印象笔记有关的 App，让你初步了解印象笔记，而且我会根据典型应用场景，从优化工作和优化学习两方面阐述印象笔记的强大功能。

　　请到 http://www.yinxiang.com 下载桌面版本。

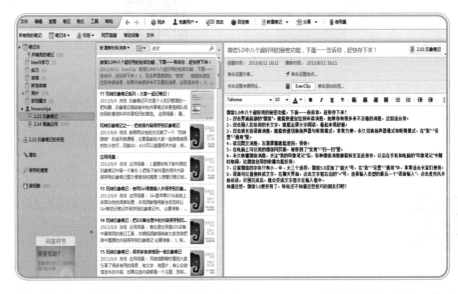

　　若下载手机/pad 版本，请到安卓市场或者 App Store，或扫描前文中的二维码下载。

　　若下载网页登录版，请到 https://app.yinxiang.com/Login.action，在这里创建自己的账户并登录。

◎ 一、印象笔记的基本功能

（一）建立笔记

1. 如何在印象笔记中快速建立笔记本

印象笔记中的"笔记本"本质上是文件夹，笔记本中的每条笔记则是文件。

STEP 01 点击笔记本→点击右上角的编辑按钮→点击新建笔记本按钮，在接下来的页面中输入笔记本名称即完成一个笔记本的建立。

2. 如何在印象笔记中建立笔记

STEP 01 点击屏幕上方的新建笔记图标生成空白笔记。

STEP 02 在该空白笔记本中随意添加文字、照片甚至录音。因此在开会时你可以利用此功能边做会议笔记边录音，以备会议结束之后回顾。

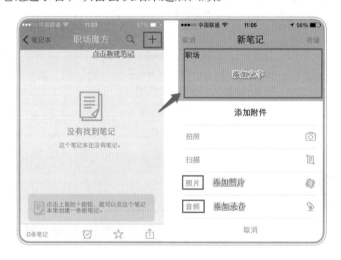

（二）管理笔记

如何同步笔记

在手机或 Pad 版的印象笔记中无同步按钮，只要连接无线网络，印象笔记会自动将你对笔记的任何操作同步至云端。在 PC 版的印象笔记中需要按 F9 键进行同步。注意，免费用户每个月只能上传 60MB 的内容到云端，付费用户每月可以上传 1GB，云端存储空间不限。如果你不上传大批量录音或者大文件，60MB 的上传流量基本够用了。

（三）拓展笔记

认识百宝箱

　　我体验过很多笔记类应用，但最终推荐印象笔记，其主要原因是印象笔记有"百宝箱"。后者其实是印象笔记的生态圈，包括 Evernote 公司和许多第三方公司围绕印象笔记开发的很多插件，它们会极大地提升印象笔记的功能，这是目前很多其他笔记类应用无法抗衡的。在我看来，其他笔记应用是一家公司投入 100% 精力做一款产品，而通过百宝箱，印象笔记是 N 家公司各投入 100% 精力共同做出的产品。

　　百宝箱中所有的应用浏览或处理的信息最终都可以导入印象笔记，这让印象笔记真正成为职场人士的"第二大脑"。后文所提及的剪藏、人脉、悦读等都是百宝箱中的"宝物"，而且它们都是免费的。

二、典型应用场景

场景1：如何用印象笔记管理人脉

- 见一次面，就能永远记住会面人的名字和当时见面的场景，你想拥有这种神奇的超能量。
- 你想在与某人见面时做个简单的记录。
- 你想将你收集到的各种名片电子化并有效管理。

　　应对以上场景，可以使用印象笔记·人脉。它不仅可以帮你存储对方的信息，而且可以记录当时见面的地点，甚至你可以为本次见面做一个简单的记录，以便你能更好地回忆之前的一些会面场景。同时，印象笔记·人脉可以将名片信息直接同步至印象笔记中，方便保存和管理。具体使用方法请参见第六章中"人脉管理"一节的内容。

场景 2：如何快速找到笔记中包含文字的图片资料

- ⊙ 你可能经常参加一些峰会或研讨会，这时候你很可能会拍下屏幕中的 PPT。
- ⊙ 你也很可能在做读书笔记的时候把书中的精华直接拍下来。
- ⊙ 而且，你想下次很方便地找到这些照片。

针对这些场景，印象笔记提供了很先进的 OCR（Optical Character Recognition，光学字符识别）技术，可以解析辨识照片里的中英文字，只要你的照片足够清楚，直接搜索关键字就能找到你要的照片。例如：你参加一个论坛，拍了一张以"2011—2015年中国团购市场收入及预测"为标题的 PPT，你搜索"中国团购"，很可能就搜索出来了这张照片。注意，你要把照片同步到云端，否则无法动用云端的 OCR 技术帮你识别照片中的文字。

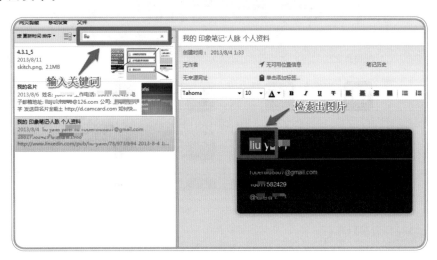

场景 3：如何用印象笔记进行时间管理

印象笔记不仅仅是存储工具，它更会告诉你接下来该做什么。例如：提醒你下一步的工作内容。

STEP 01　选择需要添加提醒的笔记，点击最底部的小闹钟图标，选择提醒时间后点击完成按钮。

<u>STEP 02</u> 添加的提醒会显示在页面上方或者在笔记底部，点击图标可以查看提醒。

🔘 场景 4：如何一键保存重要的网页内容

⊙ 每天上网，看到行业内重要资讯，或者专家大牛提出的很好的建议方案等，你想把它们保存下来。

⊙ 全选→拷贝→粘贴到印象笔记中的传统方式效率太低。

针对这一场景，你可以使用"印象笔记·剪藏"🐘，只需轻轻一次点击，就能把网页（含文字、超级链接、图片、PDF 等）瞬间保存至印象笔记中。

目前，印象笔记·剪藏支持以下浏览器：Chrome/Safari/Firefox/Opera/IE（已随印象笔记 Windows 版一起安装）。

STEP 01 安装插件：以 Chrome 浏览器为例，进入 Chrome 网上应用商店，搜索"印象笔记·剪藏"。

STEP 02 登录：单击右上角的剪藏图标，输入印象笔记账号和密码，点击登录按钮。

STEP 03 剪藏：登录成功后，点击浏览器右上角工具栏中的剪藏按钮，立刻将当前网页保存至印象笔记。

无论何时，浏览任何网页甚至重要邮件时，只需一键，整个网页或者邮件连同附件就能直接保存到印象笔记。

场景 5：如何在网页上直接做阅读笔记

⊙ 你经常在阅读网页时想在网页上直接做标注，将网页连同标注一起保存。

⊙ 你还想连讨厌的网页广告也一起去掉，只保留内容和标注。

针对以上场景，印象笔记设计了一款叫做印象笔记·悦读 的插件，只需一键即可保存标注。印象笔记·悦读支持以下浏览器：Chrome/Firefox/Opera。

STEP 01 安装插件：以 Chrome 浏览器为例，进入 Chrome 网上应用商店，搜索印象笔记·悦读，点击添加按钮。

STEP 02 做阅读笔记：点击浏览器右上角工具栏中的悦读按钮，进入印象笔记·悦读模式，点击右侧的高亮笔，然后将重要文字标记为高亮颜色，方便后期阅读。印象笔记·悦读会自动把你做过标记的页面保存到印象笔记。

场景 6：如何将有价值的信息或图片存入印象笔记

⊙ 尽管印象笔记的百宝箱中罗列了几十个支持它的第三方应用，但是你想将不支持印象笔记的应用中的内容保存至印象笔记。

⊙ 你有时经常有一些碎片化的内容想要保存起来，比如：保存电子书中的某一段精彩内容，或者 PPT 中的一张图片，但你并不愿意将整本电子书或者 PPT 文件存入印象笔记中，因为那样会占用你的空间。

EverClip 可以完美地应对这个场景，只需安装 EverClip ，当你复制任何图片或文字的时候，EverClip 都会在后台自动为你存储下来，然后你可以根据需要将其一键保存至印象笔记。

STEP 01 在 App Store 中搜索 EverClip，下载并安装它（仅支持 iPhone 和 iPad）。

STEP 02 打开 EverClip 使其在后台运行。

STEP 03 回到你的应用或者文档中，拷贝图片、文字。

STEP 04 打开 EverClip，你会惊讶地发现，你之前拷贝的信息已经在里面了，然后点击该内容，最后再点击屏幕右上角的保存按钮将信息保存至印象笔记。

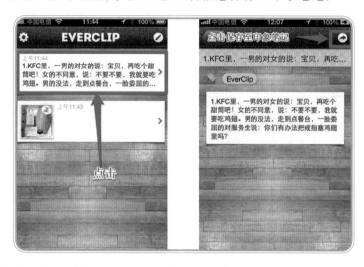

EverClip 之所以强大，是因为只要在手机或 Pad 中可以"拷贝"，就可以导入印象笔记！该功能彻底将无比强大的百宝箱的范围扩展到无穷大。

场景 7：如何用印象笔记进行会议录音

印象笔记最令我喜欢的功能之一就是录音，具体操作如图所示。

◆ 更多精彩

请在微信中扫描左侧二维码关注"职场魔方"公众账号，阅读更多精彩信息，与本
书作者团队交流。

回复"印象笔记"（不需要引号）查看更多使用场景和使用技巧。

第四节 玩转办公

办公软件是职场人士每天必用的工具。一款好的移动办公软件不仅有助于你出门在外
处理临时文件，而且可以让你在最短的时间内做出精美的文档，让同事、老板和客户都对
你刮目相看。如果你是 iPhone 或 iPad 用户，我推荐你使用苹果公司出品的 iWork 套件（Pages，
Numbers，Keynote）。iWork 系列凭借其精细的文字排版（Pages）、强大的表格处理（Numbers）
以及最炫的幻灯片制作（Keynote）成为目前最流行的移动办公 App 组件，既可以打开文件，
又可以编辑文件。

⊙ 如果你是苹果用户，我建议你花点钱就买 iWork 系列，三款正版应用单价为 68 元。
如果你不想花钱用正版，那你就参考第三章的"不越狱，玩转正版"一节。

⊙ 如果你是安卓用户，我推荐你使用 Smart Office2 或者 WPS Office，它们稳定性较好，
功能较强，既能浏览文件，又能编辑文件。

由于篇幅的限制，我仅以 iPhone 上的 Keynote 为例，从最基本的新建文档和编辑文档
功能入手，着重介绍一些经典的应用场景。

◆ 推荐应用

Pages

iOS

Numbers

iOS

Keynote

iOS

一、iWork 套件的基本功能

（一）打开文档

如何打开邮件中的 Office 附件

打开邮件中的附件是职场人士最常遇到的情况，下文介绍如何用 Keynote 打开一个 PPT 文档，打开其他 Office 文档的操作与之类似。

STEP 01 点击打开附件，选择用 Keynote 打开。

STEP 02 用 Keynote 打开后即可浏览、编辑该附件。

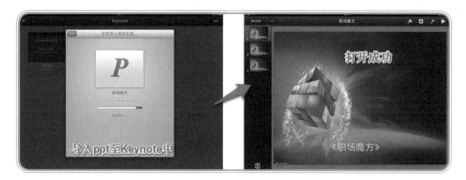

（二）编辑文档

如何新建幻灯片

STEP 01 创建演示文稿：打开 Keynote →点击左上方的加号按钮＋→点击创建新演示文稿→ 点击选择主题。

STEP 02 编辑文字：双击文本框，输入文字→在此状态下，点击右上方的笔刷键，更改文字的样式、列表、布局等内容→单击文本框，将其移动到你想要的位置→在此状态下，点击右上方的笔刷键，调整文本框样式。

STEP 03 编辑图片：单击图片，点击图片右下方的图片替换按钮，替换图片→点击右上方的笔刷键，更改图片的样式→拖动图片周边的圆点，改变图片的大小→移动图片到你需要的位置。

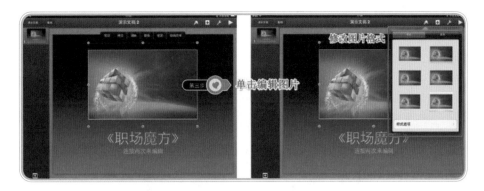

STEP 04 添加媒体、表格、图表、形状等构件：点击右上方的加号按钮＋→点击媒体选项卡，添加图片→点击表格选项卡，添加表格→点击图表选项卡，添加图表，单击图标输入数据→点击形状选项卡，添加形状。

STEP 05 添加构件动画：单击文本框、图片等构件，选择动画效果→选择构件出现动画（构件消失动画同理）→选择动画效果。

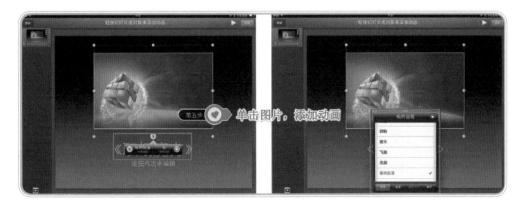

STEP 06 添加幻灯片和幻灯片过渡动画：点击左下方的加号按钮＋，点击选择幻灯片
板式→在左侧页面预览栏点击幻灯片，选择过渡→选择过渡动画效果。

通过以上步骤，你已经可以通过编辑文字、图片并添加动画来实现演示文稿的创作和
编辑。

⊙ 二、iWork 套件的典型应用场景

👤 场景 1：如何将 Office 文档转变成 PDF 格式发送给客户

⊙ 客户或者老板要求你将资料制作成 PDF 格式发送给他。

⊙ 你手头没有电脑，本身修改资料就很麻烦，加上还要转换成 PDF 格式，令你头疼。
iWork 已经为你解决了上述场景带来的烦恼，轻松几步即可将文档保存为 PDF 格式并
发送给客户。这里以 Keynote 为例，iWork 其他组件的操作与此类似。

STEP 01 打开 Keynote，点击右上角的编辑按钮，点击用电子邮件发送演示文稿。

STEP 02 选择 PDF，然后在弹出的页面中输入客户的邮箱地址，点击发送按钮即可。

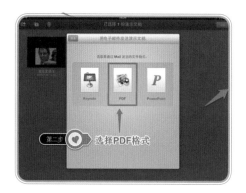 

◆ 更多精彩

请在微信中扫描左侧二维码关注"职场魔方"公众账号，阅读更多精彩信息，与本书作者团队交流。

回复"Pages"、"Numbers"、"Keynote"（不需要引号）查看更多使用场景和使用技巧。

第五节　玩转时间

◆ 推荐应用

Any.do	iOS & Android	免费	iOS	Android
Doit.im	iOS & Android	免费版 +Pro 版（100 元 / 年）	iOS	Android

一、Any.do 的基本功能

（一）新建日程

如何新建一个提醒

STEP 01　打开 Any.do → 点击麦克风按钮或者在文本框内输入提醒事项。

STEP 02　点击提醒按钮，设置提醒时间、提醒频率等。

（二）管理日程

如何管理自己的日程

STEP 01　点击三点水 ⫶ →点击文件夹，选中文件后拖动，将事项归档为个人或工作文件夹。

注意：在 iOS 版中，横屏后还能在日历视图中安排事项，可选择以日历视图或文件夹视图呈现。

STEP 02 用手指向右滑动，出现一条灰色的线，表示事项完成 → 点击右端的 × 号按钮，删除整个事项（或者摇一摇手机→出现"是否清除已完成的任务？"→确定按钮，删除已完成的事项）

二、Doit.im 的基本功能

Android 版的 Any.do 仅能同步 Google Tasks，而不能与 Google 日历同步，而 iOS 版的 Any.do 既不能同步 Google Tasks 也不能同步 Google 日历。尽管 Any.do 的 Chrome 插件可以实现同步，但是操作起来不方便。

Doit.im 能与 Google 日历实现同步，然而，在免费试用一个月后，想要随时同步就只能购买 100 元 / 年的 Pro 账户，否则每天仅能同步一次。

（一）收集任务

如何收集新任务

STEP 添加任务：打开 Doit.im，点击左上角的图标 ← 显示侧边栏→，点击收集箱，可通过以下两种方式添加任务。

方式一：向下拉智能添加任务。

图标设置说明如下。

⊙ 「^」为添加开始时间。点击后可选项分别为今天、明天和一周中的其他五天。选择后任务就会直接进入相应的箱子，不选任务直接进入收集箱。

⊙ 「@」为添加情境。点击后可选项为系统默认的选项和你已经添加过的情境。

⊙ 「#」为添加项目。点击后可选项为你已经添加过的项目。

⊙ 「!」为添加优先级。点击后可选项为高，中，低三种优先级。

⊙ 「&」为添加标签。点击后可选项为你已经添加过的标签。

在 Doit.im 中，可以给任务最多标记五个标签。可通过标签来检索任务。选择多个标签检索出的内容是这些标签的交集所对应的任务。

方式二：点击加号按钮 ＋，创建完整任务。

（二）整理任务

如何整理众多任务

STEP 整理任务：长按收集箱中的任务 → 在弹出的框中点击移动到按钮，根据任务类型，选择今日待办、下一步行动、明日待办、日程、将来／也许或等待。

（1）将必须在特定日期或时间点进行的行动放入日程或今日待办、明日待办，比如今天上午 10 点开会，或者 8 月 8 日家人生日等类似事项。

（2）将不必在特定日期或时间点进行、但须尽快完成的行动放入下一步行动，比如要去给女儿买生日礼物。

（3）把有朝一日可能要做的，但是不知道确切的日期或时间点的任务，放到将来／也许，比如想去马尔代夫旅游这类计划。

（4）将不适合自己完成的任务，转给其它适合的人来完成，转发后的任务，将自动移至等待箱子。

（三）执行任务

如何执行并完成任务

STEP 执行任务：每日查看回顾"今日待办"和"下一步行动"以确定当天需要执行的行动，并根据当前的情境、时间和精力来选择马上要做的事。

三、典型应用场景

场景1：如何在桌面显示待办事件提醒

（1）在 Chrome 上安装 Any.do 插件，实现 PC 与手机端同步。

STEP 01 安装 Any.do 插件（安装过程请参考前文印象笔记·剪藏或者印象笔记·悦读的方法），注册并登录 Any.do 账户。

STEP 02 点击同步按钮，即可完成手机和 Chrome 的同步，实现一次同步后，以后就能自动同步。

（2）在 Chrome 上安装 Doit.im 插件，实现 PC 与手机端同步。

STEP 01 安装 Doit.im 插件，注册并登录 Doit.im 账户。

STEP 02 点击同步按钮，即可完成手机和 Chrome 的同步。

场景2：Any.do 如何同步 Google Tasks

STEP 01 点击按钮 →点击同步按钮→点击 Google Tasks，选择 Google 账户，即可完成任务的双向同步。

STEP 02 点击我的日历下面的任务，在右侧弹出 Google 工作表，可以在其中进行添加任务、删除任务及多种操作。在 Google 工作表上的操作也能同步到 Any.do。

注意：Any.do 虽然不能同步谷歌日历，但是它能同步日历应用 Cal。Cal 设计延续了 Any.do 简洁优雅的风格，主题动画细腻流畅，体验非常棒。

场景 3：Doit.im 如何同步谷歌日历

同步设置：注册并登录网页 http://doit.im/cn → 点击右上角的图标 G →账户信息→谷歌日历双向同步→在 Doit.im 中即可同步谷歌日历。

注意：注册 Doit.im 的邮箱不是 gmail 邮箱，但也能同步谷歌日历。

◆ 更多精彩

请在微信中扫描左侧二维码关注"职场魔方"公众账号，阅读更多精彩信息，与本书作者团队交流。

回复"Any.do"和"Doit.im"（不需要引号）查看更多使用场景和使用技巧。

第六节　玩转人脉

◆ 推荐应用

名片全能王

iPhone

iPad

Android

一、名片全能王的基本功能

（一）制作你的名片

如何制作自己的名片

电子名片已逐渐取代纸质名片，如今职场中沟通的第一步可能就是相互交换电子名片。一张设计独特、充满个性的名片也许会给你的客户留下深刻印象。如何来设计自己的电子名片呢？

STEP 01 打开名片全能王，点击创建您的合名片。

STEP 02 点击拍摄我的名片按钮。

STEP 03 核对名片信息，信息正确无误之后点击保存按钮。

STEP 04 名片已创建成功，此时你可以将自己的名片通过短信、邮件、NFC 等方式分享给别人。

（二）搜集他人名片

如何搜集别人的名片

STEP 01 打开名片全能王，点击拍摄名片按钮→对准名片→自动寻找名片边框，自动拍照。

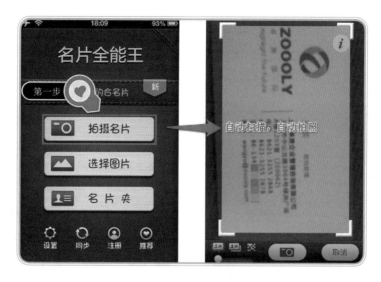

STEP 02 确认信息→单击保存按钮→选择账户及其分组→点击确认按钮。

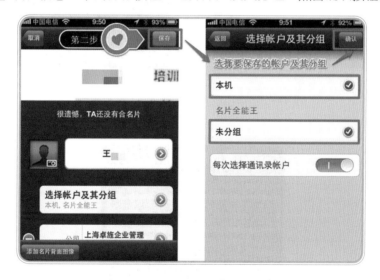

二、典型应用场景

场景 1：如何在电脑中管理名片

⊙ 用手机编辑名片信息太慢、效率太低。

⊙ 你想将手机中所有的名片信息经过云端同步至电脑上，实现名片在电脑上的轻松
管理。

针对以上场景，名片全能王提供了同步功能。

STEP 01 电脑登录：输入网址 https://www.camcard.com/，注册账号并登录。

STEP 02 手机登录：点击注册按钮，输入账户和密码，点击登录按钮。

STEP 03 立即同步：登录成功后，点击立即同步，会自动将手机中的名片信息同步至电脑。

STEP 04 在电脑中管理名片。

场景 2：如何快速给特定人群群发邮件

⊙　你可能经常会为不能直接给通讯录中的联系人群发邮件而烦恼。

⊙　如果将所有联系人的邮箱地址手动添加到收件人栏再群发，效率太低。

针对以上场景，你可以利用名片全能王的分组和群发短信 / 邮件功能。

STEP 01 点击分组管理，将你的名片分组。分组的方法有很多，可以根据工作和生活分为客户、同事、亲人等。

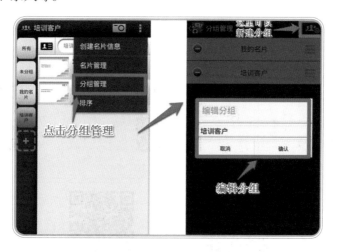

STEP 02 点击分组，选择群发短信或者群发邮件，点击发送按钮，进入邮件界面，填好邮件内容（邮件操作请读者参阅玩转邮件部分），点击发送邮件即可。

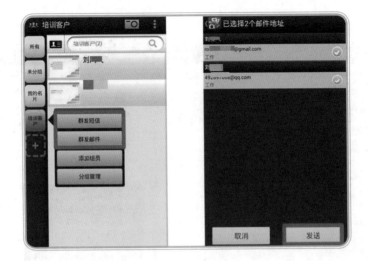

◆ 更多精彩

　　请在微信中扫描左侧二维码关注"职场魔方"公众账号，阅读更多精彩信息，与本书作者团队交流。

　　回复"名片全能王"（不需要引号）查看更多使用场景和使用技巧。

第七节　玩转脑图

◆ 推荐应用

iThoughts 是 iPad 上的一款杰出的思维导图软件，通过简单的操作就能轻松绘制思维导图，而且可以导出为 Freemind，Mindmanager，OPML 等格式，便于共享。

Android 用户可以使用 MindJet Maps，它与 MindManager 系出同门，也是一款优秀的思维导图软件。MindJet Maps 将在第六章第四节中详述。

一、iThoughts 的基本功能

（一）新建脑图

STEP 01 创建空白思维导图：点击左上方的加号按钮 +，创建新文档→点击输入 Name（思维导图名称）→点击 Save，在界面中出现该名字的主题框。

STEP 02 创建新主题：点击右上方标题栏的子主题键，输入主题名，创建子主题→点击同级主题键，输入主题名，创建同级主题 → 点击备注键插入备注。

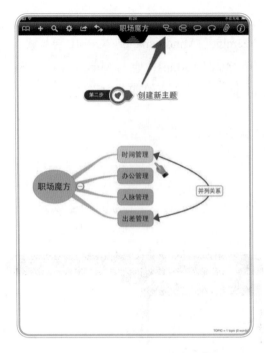

STEP 03 标注主题关系：点击一个主题→ 点击"关系键" → 点击另一个主题，完成插入曲线 → 点击关系线上的加号按钮 +，输入关系内容。

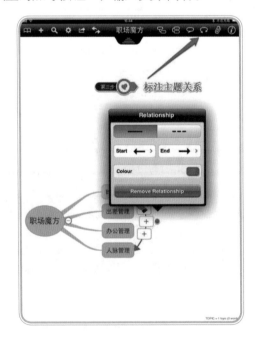

STEP 04 插入手绘图：点击空白处→选择 Doodle（涂鸦）→画手绘图→点击左上方的 Done 按钮，完成插入。

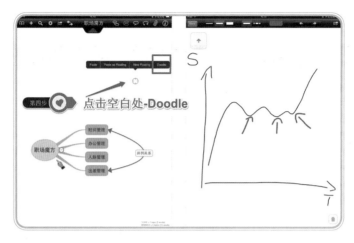

iThoughts 可以点击按键增加主题，点击主题框选择复制、粘贴、删除、调整顺序、搜索，按住右手图标变换主题框大小，操作上比 Mindjet Maps 更为方便快捷。而且，主题框的备注以对话框的形式展现，比 Mindjet Maps 更加直观。

（二）分享脑图

做完了思维导图，你希望分享给领导或同事，iThoughts 强大的分享功能会帮到你。这里仅以最常用的 Email 方式为例。

STEP 01 点击顶部的 Send 按钮，再点击 Map 按钮（整张脑图）。

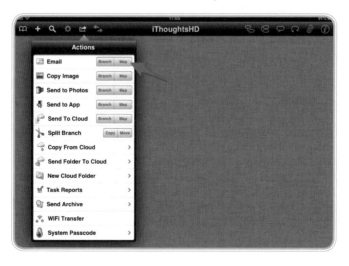

STEP 02 在 Attachments（附件）菜单中选择希望保存的格式，通常选择的是 *.mmap（可以方便别人用 Mindjet Mindmanager 打开）或 PDF（确保最佳展现形式）。

STEP 03 点击 Compose Email，发送邮件。

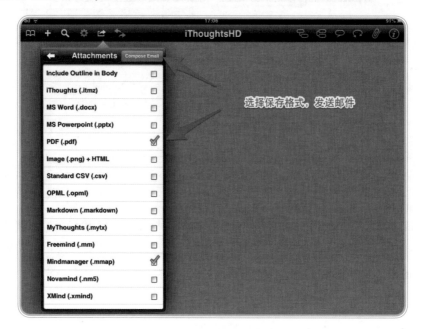

二、iThoughts 的典型应用场景

场景 1：怎么在开会时用好 iThoughts

⊙ 公司开会时，你想把会议要点快速记录下来。

⊙ 参加培训时，你想把讲课要点快速记录下来。

在这个场景，你还在拿个本子奋笔疾书吗？你 OUT 了！你完全可以拿着 iPad，一边听，一边记录。iThoughts 具有很好的操作性，所以你完全可以跟得上记录速度。你可以一边用印象笔记进行录音，一边在 iThoughts 里写提纲和重要观点，效率非常高！

场景 2：如何用 iThoughts 记住灵感

⊙ 你需要记下突发的灵感。

⊙ 你想把零散的思路整合为清晰的框架。

你可以用 iThoughts 应对这个场景，它最大的作用在于帮助你整理思路。例如：边读书边在 iPad 上用 iThoughts 写读书笔记，寥寥数语就把整本书的精华记录其中；用 iThoughts 记录你突发的一些想法，以便和团队做沟通交流。

场景 3：如何在项目管理中用好 iThoughts

你需要一个方便快捷的工具做项目管理工作，它要满足以下特征：

- 基于思维导图，在思维导图上确定项目流程。
- 支持 iPad 设备。

其实，iThoughts 也是项目管理工具，你可以针对自己的项目建立一个中心主题，再将项目管理中的各大模块（例如人员管理、原材料存储、项目收支等）作为二级主题，再在二级主题上建立三级主题等。这样，整个项目的各个环节都非常清晰地展现在你的 iPad 中，你可以随时监控项目的各个环节，掌握项目进度。

◆ 更多精彩

请在微信中扫描左侧二维码关注"职场魔方"公众账号，阅读更多精彩信息，与本书作者团队交流。

回复"iThoughts"（不需要引号）查看更多使用场景和使用技巧。

第六章

玩转职场 CLUB

第一节 沟通管理（Communication）

随着科技的进步，"烽火狼烟"、"飞鸽传书"与"八百里加急"等信息传递方式已经成为历史，取而代之的是让信息传递更及时、传递方式更丰富的电话，短信，邮件和即时通信（IM）等交流方式。

绝大多数职场人士都应该听说过"四象限法"时间管理模型。该模型将工作按照重要程度和紧急程度两个维度分为四种类型。你应该针对不同的情形选择最合适的沟通方式。第 I 象限（重要又紧急）的事通常优先采用电话沟通，在对方不方便接听的情况下，可发送短信简要阐述情况。第 II 象限（重要但不紧急）的事可优先使用邮件，在适当的时间与对方电话确认。第 III 象限（不重要也不紧急）的事可选择与对方用最常用的沟通方式即可，例如 IM 方式等。第 IV 象限（不重要但紧急）的事优先采用电话沟通，如果对方不方便接听，可发送短信/邮件。

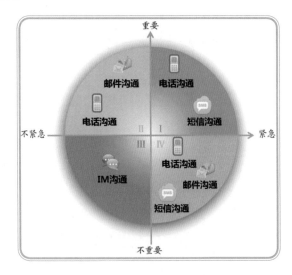

ⓒ 一、电话沟通

⚇ 场景 1：开车时候怎么拨电话最方便

▲ 使用场景

- ⊙ 短时间（例如等红灯）时需要一键拨打紧急而且重要的电话。
- ⊙ 在屏幕上画一笔或者点击某个人的大头像就能拨号。
- ⊙ 语音操作，让手机拨号。

方法一：一键快速拨号

◆ 推荐应用

 触宝号码助手 |iOS& Android | 免费	 iOS	 Android

触宝号码助手能简化拨号步骤，节约拨号操作的时间。主要功能有以下三种。

- ⊙ 手势拨号　通过给常用联系人设定属于他们的手势（如画一横线，三角形等），在拨号时轻松画出该手势图形即可拨号。
- ⊙ 快速拨号　在数字九宫格添加常用联系人，按住数字键即可快速拨号，比拼音查找联系人更快更酷。
- ⊙ 同步微信通讯录　可以给已经绑定电话的微信好友直接发送微信。

◆ 同类比较

应　　用	特　　点	局　　限
OneTouchDial	• 使用联系人照片作为图标，点击照片图标即拨打电话 • 界面清爽	仅 iOS，6 元
触宝号码助手	• 支持手势拨号、快速拨号 • 拦截骚扰短信与电话 • 同步微信通讯录，直接发送微信	

方法二：使用语音拨号

◆ 推荐应用

讯飞语点 |iOS& Android | 免费	iOS	Android

讯飞语点由专注中文语音技术的科大讯飞研发，是一款能够实现语音指挥手机打电话、发短信、智能聊天等功能的语音助手软件，其语音识别率业界第一。

◆ 同类比较

应　用	特　点	局　限
Siri	内建在苹果 iOS 系统中的人工智能助理软件	语音识别率有待提高
讯飞语点	● 语音识别率业界第一 ● 车载模式：对手机说话即可接听、挂断电话、回复短信，解放双手，安全驾驶	

场景 2：怎么免费给同事／朋友打电话

▲ 使用场景

⊙ 你每月套餐内通话时长／短信条数不够用。

⊙ 你办理了畅聊套餐，但它仅适用于有限的几人。

⊙ 你每个月的话费支出巨大。

◆ 推荐应用

Viber |iOS& Android	免费	iOS	Android

Viber 可以通过 3G 或 Wi-Fi 免费打电话、发短信、发图片、发送视频消息，没有地域限制，能为你节省大笔话费开支，尤其是长途或国际话费。而且，它可以与手机通讯录绑定，自动识别手机联系人和短信信息。

Viber 除了上文介绍的移动版之外，还有桌面版 (Mac/Windows)。它们可以相互同步联系人和聊天记录，桌面版的 Viber 还支持视频通话。目前，Viber 用户数已超过两亿。

◆ 同类比较

应 用	特 点	局 限
Skype	• 信号较稳定 • 收费较低廉 • PC 端屏幕共享	• 应用不支持创建聊天组 • 不支持在通话中添加聊天人，只能参与多人聊天
YY 语音	• 多人语聊 • 网络 K 歌 • 公会聊天	较少用于职场沟通，根据兴趣爱好组成学习或游戏群
Viber	• 通话质量好 • 短信群聊、发送视频	• 不支持语音短信 • 不支持群组通话

🙂 场景 3：如何伪装有电话打入帮你摆脱窘境

▲ 使用场景

假装有电话打入，借口接个电话，摆脱种种尴尬局面。例如：

⊙ 开会时遇到喋喋不休的人。

⊙ 应酬中被别人各种劝酒词所折磨。

◆ 推荐应用

虚拟来电 | Android | 免费

Android

虚拟来电是一款伪造电话打入的应用。你可以自定义来电人、定时来电时间和晃动来电时间。伪装来电的关键就是如何触发，如果按一个按钮显得太假。你可以设置定时来电（几点几分响起铃声）或者晃动触发来电，晃动以后过一段时间才会响铃,让伪装的来电天衣无缝。

◆ 同类比较

应　　用	特　　点	局　　限
来个电话	• 免费，无任何广告 • 支持定时来电	• 仅 iOS • 无晃动来电功能
虚拟来电	• 免费 • 支持晃动来电（无需事先启用本应用） • 支持定时来电	• 仅 Android • 广告较多

场景 4：如何屏蔽骚扰电话

▲ 使用场景

⊙ 屏蔽骚扰电话，例如各种推销电话、响一声就挂的吸费电话等。

⊙ 屏蔽垃圾短信，例如各种广告、诈骗、推销等。

我推荐两款 Android 平台的反骚扰应用。对于 iOS 而言，拦截骚扰电话需要更高权限支持，所以在非越狱情况下，无法拦截骚扰电话。不过，新的 iOS 7 将提供隐私设置功能，用户在手机、FaceTime 以及 iMessages 中都可以对特定号码进行屏蔽。

◆ 推荐应用

| 360 手机卫士 | Android | 免费 | Android |

360 手机卫士是一款免费的手机安全软件，主要功能有：拦截垃圾短信和骚扰电话，查杀手机病毒和恶意软件，保护个人隐私免遭泄露，找回被盗手机等。

360 手机卫士针对不同机型分为多个版本，扫描以上二维码可以下载到支持常规单卡手机的通用版，如果你的手机是双卡双待手机、魅族手机、联想手机等特殊机型，你需要到官网 http://shouji.360.cn/ 下载相应的专用版。

| 腾讯手机管家 | Android | 免费 | Android |

腾讯手机管家是一款免费的手机安全与管理软件，主要功能有：空间清理深度优化，拦截隐藏号码来电，保护隐私安全等。

二、短信沟通

场景 1：如何让群发短信的称呼都个性化

▲ 使用场景

⊙ 给群发出去的每条短信添加个性化的称呼、问候和落款。

⊙ 让收信人感受到你的尊重和重视。

◆ 推荐应用

| 个性短信 \|iOS& Android \| 免费 | iOS | Android |

　　个性短信是一款支持设置个性称谓、个性签名、群发预览的智能商务短信群发系统，帮助商务人士实现节日人脉维护，工作通知。尽管是一键群发短信，但每个收信人收到的却是你对他的专门称谓、专属问候和专门落款。

场景 2：开车时怎么发短信 / 微信最安全

▲ 使用场景

　　开车或其他不方便操作手机的时候，让手机自动播报打入的电话、收到的新短信。

◆ 推荐应用

讯飞语点 |iOS& Android | 免费	iOS	Android

　　讯飞语点的语音识别率很高，可以适应各种口音及噪声环境。即使离线语音也可进行常用操作，无需流量。拥有车载模式，可以让你安全驾驶。

🎧 场景 3：有没有办法自动语音播报短信

▲ 使用场景

　　开车或其他不方便操作手机的时候，让手机自动播报新收到的短信内容。

◆ 推荐应用

| 短信听听 | Android | 免费 | Android |

　　短信听听是由盛大创新院推出的一款免费实用的来电短信播报工具，需要配套安装"听听中心"才能读出声音。短信听听的主要功能有：无需联网就可播报联系人、陌生号码、短信内容，个性化变声，屏幕朝下即可停止播报，设置过滤词、播报时间。

◆ 同类比较

应　　用	特　　点	局　　限
iFLY 讯飞语点	● 功能强大 ● 短信、来电自动播报	无私密短信播报保护机制
短信听听	● 播报无需连接网络 ● 支持个性化声音 ● 直接翻转手机让手机屏幕朝下，即可停止朗读	● 仅 Android ● 需要安装"听听中心"才可播报

第二节 学习管理（Learning）

在这个信息爆炸的时代，如何利用碎片化时间进行充电学习已经成为令职场人头疼的问题。你或许会问：什么是职场中最有效的学习方式？

职场人面临时间碎片化、地点碎片化、精力分散化的现状。

首先，职场人由于工作等原因，能够自由支配的时间被打碎，很可能只有周末或者一天内的几个小时有空，时间体现出碎片化特点。

其次，职场人的空闲时间还体现出地点碎片化特点，很可能是在地铁上、卫生间内，或者排队等待时产生空闲时间，使职场人无法通过传统的面授方式学习。

最后，职场人的精力因工作和生活压力而分散，所以他们的学习通常是目的导向（学了立马就能在工作中用上）或兴趣导向（自己感兴趣，即使工作比较忙，也愿意去学习）。

因为职场学习体现出时间碎片化、空间碎片化、精力分散化等特点，在学校中通过面授方式系统地上课的传统学习模式已经不再适用，而利用移动终端进行碎片化学习则是大势所趋。因此，我将向你介绍使用移动终端收集知识和保存知识的方法和技巧，有的放矢地解决碎片化学习问题，帮助你提升学习能力和职场竞争力！

一、收集知识

场景 1：哪些 App 适合搜索资料和图书

1. 不知道怎么找资料

▲ 使用场景

⊙ 老板让你写一份工作材料，你没材料又没经验。

⊙ 你用百度找资料，但是百度上的资料多如牛毛，不知道哪一份最合适。

⊙ 好不容易在百度文库里找到合适的，但是需要支付财富值。

◆ 推荐应用

| 百度文库 | iPhone | iPad | Android |

百度文库 App 是个不错的选择。

首先，它提供了相关搜索功能，只要搜索后打开一份文档，然后在右上方点击"推荐"按钮，就可以找到下载量大、评分较高的相关文件，大大提高了你的搜索效率。

其次，它对 7000 万份在线资料进行了细致的梳理，专题、排行、分类等板块有助于你找到想要的资料。

最后，用百度文库 App 下载资料完全免费，不需要财富值。如果用平板电脑或者手机编辑不方便，你也可以同步到 PC 端再进行编辑。

2. 不知道怎么找书

▲ 使用场景

⊙ 想看畅销书、热门书、流行书，但不想买纸质书。

⊙ 希望能在赏心悦目的阅读界面下看书，不想伤害眼睛。

⊙ 在电子书里插书签、做标注、搜索不明白的词语、快速跳转。

◆ 推荐应用

| 多看阅读 | iOS | Android |

如果你喜欢在平板电脑或者手机上进行阅读，那么我相信你应该会喜欢多看阅读。与其他电子书阅读器相比，多看阅读胜在精致的视觉设计、海量的阅读内容和舒适的操作体验。

当你打开这款 App 时，你就会被其精致而清新的设计所吸引，精美的高清图片，优美的图文绕排，无论是书城下载的图书还是用户导入的图书都能进行自动排版，这些细节大大提升了你的阅读体验。

而且，在书籍数量和种类方面，与 iBook 不同的是，多看阅读内置的书城提供了大量中文书籍和亚马逊、豆瓣、京东热门书籍榜单，更加适合大家下载使用。每本书价格在 6 元或者 12 元左右，与亚马逊的电子书售价相近。

此外，在阅读方面，除了一般电子书阅读器都有的书签功能以外，多看阅读还提供了在书籍上进行直接标注、百度查询、单击显示该页在章节中的位置等进度条功能。

综合以上三点优势来看，多看阅读可谓是电子阅读器中的神器。

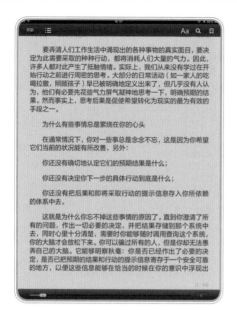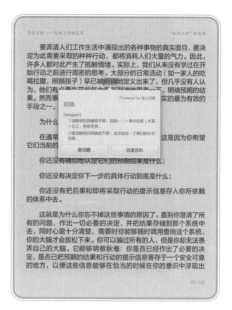

▲ 使用场景

⊙ 朋友给你推荐了一本书，但是你回家就忘了书名，又不好意思打电话问。

⊙ 在书店看书觉得不错想买又觉得线下实体店书太贵，打算网购。

⊙ 即时查询书籍的各种信息，例如售价、书评等。

◆ 推荐应用

| 微信 5.0 | iOS | Android |

微信 5.0 提供了扫一扫的功能。当朋友给你推荐时，你只要打开微信→发现→扫一扫，将摄像头对准书的封面或者条形码扫描，然后点击分享到我的收藏中，这样一来，你就可以在微信→我→我的收藏中看到这本书的信息。除此之外，扫描后还可以直接登录豆瓣看评分，或者选择在网上进行购买。

3. 不知道怎么找答案

▲ 使用场景

⊙ 想用自然语言提问，不是用冷冰冰的关键词和布尔运算符搜索。

⊙ 不想被搜索引擎提供的各种推广信息干扰。

◆ 推荐应用

WolframAlpha	iOS	Android

　　使用 Google、百度等搜索引擎，输入关键词后找到的结果是和关键词相关的网页，而 WolframAlpha 作为 Siri 背后的搜索引擎，只要你输入"现在离圣诞节还有几天"、"现在国际空间站运行到哪里"这样的问题，它就能直接给出答案。

　　此外，Google、百度可以对搜索内容排名进行干预，可能会出现比较主观的结果，而 WolframAlpha 只会给你客观、公开、确定的答案，这就是它的强大之处。

Wolfram Alpha 不仅能回答自然语言问题，甚至还能解线性代数题，查询数理化、历史地理、社科工程问题。美中不足的是一些问题的答案尚未被收录，而且目前还不支持中文搜索。

| Wikiweb | iOS |

Wikiweb 是一款能显示关联关键词的搜索引擎，输入关键词就会在界面中出现一个六边形。点击它，就会出现多个与之相连的六边形，代表着与之相关的关键词。点击新出现的关键词，就出现更多的关键词，最终形成彼此相关的网络。

从右侧边向左滑动，就能显示该关键词的维基百科词条，底边还有词条目录标签栏方便跳转，还可以调整字体大小以方便阅读。

Wikiweb 基于关联词生成关系图，确实让人眼前一亮，但是它还存在着很多问题。例如搜索姚明，会出现"作家"、"记者会"这样无意义的联想关键词，而没有出现 NBA、篮球等关键词。此外，搜索速度慢、价格贵也让这款应用只适合尝鲜，想搜索维基百科内容的朋友还是使用 Wikipanion、Wikibot 等老牌维基百科阅读器。

场景 2：如何用 App 免费学习名校课程

▲ 使用场景

  ◉ 在碎片化时间免费听国内外名校的各种网络公开课。

  ◉ 在碎片化时间免费听行业牛人做的演讲、开的讲座或者在线课程。

◆ 推荐应用

iTunes U、网易公开课等 App 为你提供不必挤出完整时间就能听取名校公开课或者牛人分享课的机会，抽出 20 分钟在地铁上直接就可以学习。它们在课程选择、课程数量、语言上存在一定的差异，你不妨选择适合自己的 App 进行学习。

网易公开课

iOS

Android Phone

Android Pad

应　　用	课程内容范围	特　　点
iTunes U	• 主要涉及工程技术、商业等 • 学科分类多	• 英文内容最多，但是没有双语字幕，中文内容最少，主要是各大学的公开课程 • 载入搜索速度较慢
网易公开课	• 涉及领域广、有国内外课程及演讲 • 学科分类多	• 中文内容最多，英文内容跟进 iTunes U，但是翻译课程更新相对较慢 • 拥有收藏功能，能离线下载
新浪公开课	• 主要更新 TED 演讲，内容较少 • 学科分类最少	• 内容在三者中最少，学科分类不细致 • 部分资源无法播放，不能下载离线观看

　　总的来说，iTunes U 作为苹果推出的学习应用，在课程资源上最为丰富，但是英文课程双语字幕较少，中文课程较少，适合英语水平较高的人。

　　而网易公开课在课程内容上较为丰富，中文内容丰富，英文内容有双语字幕，在 UI 设计和离线下载功能上也更加人性化，缺点是英文课程跟进较慢，适合英语水平一般的人。

　　新浪公开课在三者中内容最少，但是跟进 TED 演讲较快，有双语字幕，比较适合喜欢看 TED 但是英文水平不高的人。

场景 3：早上最适合用哪些 App 通览天下事

▲ 使用场景

　　⊙　在杂志般精美的阅读器界面上快速浏览最近新闻、前沿资讯。

　　⊙　仅通过一款阅读器，从多个信息源（网站、博客、微博……）接收信息，整合阅读。

◆ 推荐应用

| ZAKER | iPhone | Android Phone | iPad | Android Pad |

　　ZAKER 和其他同类应用相比最大的不同在于，它看起来更像杂志，简约的风格、动感的背景加上 Windows 8 方片风格的布局，给人高品质的视觉体验。

Flipboard

iOS

Android

与 ZAKER 类似，Flipboard 也可以接入网站、博客等信息源获取内容，将这些内容用杂志的排版风格展示。不同的是，ZAKER 可以接入微信公共账号、名人微博，更像一个集成媒体，而 Flipboard 虽然不能接入这两种信息源，但是可以接入新浪微博和人人网，更具有社交属性。换句话说，你可以浏览新浪微博、人人网时拥有翻阅杂志的阅读体验。另外，Flipboard 排版比 ZAKER 更加优秀。

应　用	排　版	社　交	特　点
ZAKER	• 在部分排版上形式较为单一，图文混排注重图文搭配 • 部分模块只能显示标题，不能显示内容	• 可以订阅新浪、腾讯微博、人人、Instagram • 可以将内容分享到以上社交网站或者印象笔记	• 支持离线下载功能 • 不能直接搜索微博内容
Flipboard	• 排版更精致，图文混排时更注重图片呈现 • 各模块基本上同时显示内容和标题	• 可以订阅新浪微博、人人、Google 阅读器、Instagram • 可以将内容转发为邮件、新浪微博和 Pocket	• 若内容中出现网址，向上滑动即可载入 • 能搜索微博内容，偶尔加载速度慢

总的来说，两款应用在排版上存在着一定的不同。如果你喜欢刷微博，可以选择与新浪微博紧密结合的 Flipboard。如果你频繁出门，而手中的 iPad 又仅具有 Wi-Fi 功能，具有离线阅读功能的 ZAKER 则是最实用的选择。

二、保存知识

场景 1：如何用 App 做笔记？即使断网也能离线阅读

▲ 使用场景

- 你需要把一些零散的信息快速地在手机 /Pad 上记录下来。
- 你期待无需人工干预就能把这些信息自动同步到云端和电脑，回头在电脑上查看处理。
- 印象笔记只能在联网时才能查看笔记信息，但你身边并非总有网络。

◆ 推荐应用

我在第五章推荐了印象笔记，此处再推荐几款各有特色的笔记类应用：有道云笔记、为知笔记和 Pocket。

| 有道云笔记 | iPhone | iPad | Android |

如果我有很多资料需要上传，印象笔记每个月 60MB 的免费流量不够用怎么办？这个时候你可以试试有道云笔记。

有道云笔记作为网易推出的笔记应用，对于中国用户更加人性化。举例来说，有道云笔记支持中文手写输入，每个文字都以图片的形式保存，并能对单个文字进行编辑，喜欢手写字的朋友一定不要错过这款 App。

除此之外，有道云笔记免费提供了 1GB 的云存储空间，再也不怕用印象笔记每月 60MB 的流量不够用了。

| 为知笔记 | iPhone | iPad | Android |

有道云笔记在中文手写输入和免费存储空间上极具特色，而为知笔记在知识管理上更为强大。

印象笔记和有道云笔记都具备给文章添加标签的功能，有道云笔记还提供一级层级，但是这样的这两款 App 用在知识管理上仍然显得捉襟见肘。而为知笔记的 PC 版本提供了设立多级层级功能，简单说就是可以在文件夹中设立子文件夹，这样对知识进行管理提供了可能。

此外，为知笔记除了在知识归档整理方面功能强大之外，在保存知识、将多网络的内容集成到一个 App 方面，也提供了很实用的功能。它提供了将微博、人人网的内容整合为知笔记的功能，只要在评论中 @mywiz 就可以将内容保存到为知笔记中，网页截图可以将网页内容截图保存到笔记中，这些功能都方便了对内容进行收集保存。

也许大家都遇到过这样的问题：将网页等内容保存到笔记中，用手机登录发现笔记只有一个网址，除非联网打开网页，不然看不到保存的功能。那么有没有什么应用能实现离线下载，不联网也能看保存的内容呢？ Pocket 提供了这样的可能。

无论你是移动终端还是 PC 端，点击分享到 Pocket 就可以将你的内容保存到云端，只要你在联网状态打开 Pocket 同步一次，以后即使在离线状态你也能阅读你之前保存的内容。

接下来，我把提到的印象笔记和刚刚介绍的有道云笔记、为知笔记、Pocket 在分享入口、编辑功能方面做个比较，并介绍它们的特点。

应　　用	分享入口	编辑功能	特　　点
印象笔记	● 网页插件，App 分享入口最为丰富 ● 微博评论 @ 我的印象笔记收藏微博	● 能链接到"圈点"进行编辑 ● 添加提醒 ● 支持插入录音、涂鸦、照片、图片	● 子应用众多，构成"百宝箱"，功能强大 ● 免费版每月只提供 60MB 流量 ● 部分内容分享到笔记中只剩网址
有道云笔记	● 网页插件，App 分享入口较丰富	● 中文手写输入后保存为手写字 ● 支持插入录音、涂鸦、照片、图片	● UI 设计优秀，运行流畅 ● 支持手写字编辑 ● 免费存储空间大 ● 具有记账、清单等子应用

应　　用	分享入口	编辑功能	特　　点
为知笔记	• 网页插件，App 分享入口较为丰富 • 微博评论 @mywiz 收藏微博	• 支持插入录音、涂鸦、照片、图片 • 安卓版编辑功能仍不完善	• PC 端功能最为强大，能进行多级层级管理 • 移动端功能较单一 • 离线阅读仍有问题
Pocket	• 网页插件，App 分享入口较丰富	无编辑功能	离线阅读支持自动识别长文本和过滤广告，阅读体验好

场景 2：如何用把纸质文件保存成电子文档

▲ 使用场景

  ⊙ 重要的纸质文件，例如合同、协议、规章，你希望保留一份电子版备查。

  ⊙ 你找到重要的纸质资料，但是这些资料不允许带走，也不方便复印。

◆ 推荐应用

| 扫描全能王 | iPhone | iPad | Android |

　　手头有一份合同想要给老板过目，但是快递不够快，电话说不明白，拍照又怕老板看不清怎么办？这个时候你可以用"扫描全能王"对文件进行扫描，然后将扫描后的 PDF 文件发给你的老板。

　　可能你会问，用这款 App 扫描和拍照到底有什么不同？简单地说，用扫描全能王这款软件进行拍照扫描后，可以将纸质文稿转化成 PDF 文件，与直接拍摄的照片相比较更清楚。

　　具体而言，扫描全能王能在拍照后可以对文稿进行修边，即使是拍照是斜着拍，或者纸张是不平整的，也可以通过修边进行校正；此外，软件还自带了画面增强功能，增强并锐化图片，使图片上的文字看上去更加清晰。通过以上步骤，你就可以将纸质文稿转化成 PDF 文件，并且转发给你的老板了。

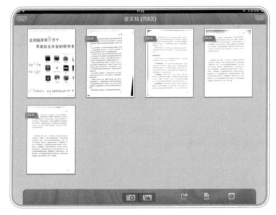
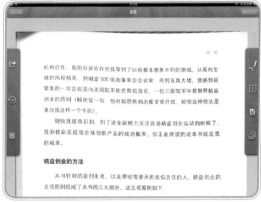

实际上，除了扫描增强功能以外，全能扫描王还提供了 OCR 文字识别功能，简单说就是可以将照片内的文字转化成电脑中存储的文字。当然，转化后的文本还存在着许多错误，需要进行后期修改才能达到可用水平，而且需要每个月支付 30 元升级为高级账号才能开通这项服务。

场景 3：哪块网盘又大又体验好可以保存各种知识

▲ 使用场景

- ⊙ 你想把工作文档同步进手机 /Pad，在下班路上或者回到家里继续办公。
- ⊙ 你辛辛苦苦搜集了大量资料，尤其是图片或视频资料，想把它存进硬盘、刻进光盘，但是硬盘会损坏，光盘会失效。

针对以上场景，你可以把文档、数据、资料保存进网盘，在不同设备上访问它们，而且还能实现同步。

◆ 推荐应用

现在网盘已经越来越流行了，国外的网盘推出比较早，苹果的 iCloud、微软的 Skydrive 还有 Dropbox 都是大牌公司响当当的产品。但是随着网速的提升以及服务器的增强，国内出品的网盘工具更贴近用户的日常生活使用，而且在手机与 PC 间的同步表现上更出色。我推荐几款比较成熟的网盘，并做个横向比较。

应 用	网盘大小	上传／下载速度	App 界面特点	App 分享功能
360 云盘	下载 PC 客户端和 App 后，赠送 1TB	快	• 主界面展现最近文档和我的图片 • 点击左上方可查阅云盘文件夹目录	只能通过邮件或短信分享
百度云	下载 App 后，自带 6GB，免费容量上限为 1TB	快	• 左侧为网盘文件夹目录，右侧为热门电影资源 • 可搜索下载电影、书籍、壁纸	• 可生成外链和邮件 • 可分享至微博、微信、QQ 等中国的社交网络
金山快盘	下载 PC 客户端和 App 后，赠送 100GB	较快	• 左侧为全部资料、最近浏览、上传列表等项目 • 右侧为文件夹详情	• 分享到微信，发送邮件、短信
Dropbox	下载 App 后，自带 2.5GB，支付 648 元升级到 100GB	最慢	• 左侧是网盘文件夹目录 • 右侧展现文件详情；具有收藏便签	• 可生成外链和邮件 • 可分享至 Facebook/Twitter

应 用	PC 客户端文件夹特点	PC 客户端同步	优 点	缺 点
360 云盘	会在"计算机"目录下出现独立盘符，打开后如同一般文件夹	• 将文件拖入文件夹即可自动同步 • 设备连接到电脑，选择是否导入未备份图片	• 容量大 • App 界面方便查找文件 • App 中可选择文件打开方式	分享功能较弱
百度云	会在"计算机"目录下出现独立盘符并出现一个独立文件夹，打开后如同一般文件夹	将文件拖入文件夹，手动选择同步	• 可以下载小说、电影离线观看 • 可分享的社交平台最多	• 容量小，在 PC 端放入云盘后需要再次选择是否同步 • 电脑端文件夹占电脑内存

应　　用	PC 客户端 文件夹特点	PC 客户端同步	优　　点	缺　　点
金山快盘	会在"计算机"目录下出现独立盘符并出现一个独立文件夹，打开后右侧有生成链接等快捷按钮	将文件拖入文件夹即可自动同步	• 集成到 WPS 的自带网盘 • App 中浏览历史 UI 设计精致 • 可选择文件打开方式	• 偶尔上传／下载失败 • 电脑端文件夹占电脑内存 • App 和客户端弹出广告
Dropbox	以应用形式存在，打开后如同一般文件夹	将文件拖入文件夹即可自动同步	多款国外应用可以分享到 Dropbox，却无法分享到国内网盘	• 容量小 • 同步慢 • 分享弱

360 云盘　　　　iPhone　　　　iPad　　　　Android

　　通过以上比较可以看出，四款网盘应用各有特色。360 网盘容量大，其客户端能选择文件夹模式或库模式查看文件，而且 App 界面设计也以突出内容为核心，唯一的缺点是分享功能较弱，无法分享到社交平台。

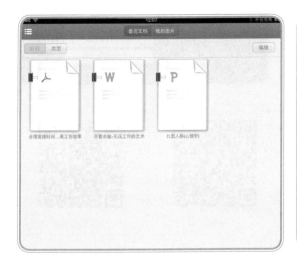

 百度云	 iPhone	 iPad	 Android

　　百度云提供了丰富的电影、视频、小说、壁纸的下载资源，而网盘容量却最小，显而易见，百度云的核心价值在于社交娱乐，是否需要这样的服务还是看你的喜好了。

 金山快盘	 iPhone	 iPad	 Android

　　与前两者相比，金山快盘可谓是中规中矩，免费赠送容量一般够用，App 上的功能也能满足基本需要，但是上传 / 下载偶尔出现故障，而且 PC 端和 App 弹出的广告可能会让你不适应。

| Dropbox | iOS | Android |

　　最后说说国外大名鼎鼎的 Dropbox。与前三款国内网盘相比，Dropbox 在免费容量、同步速度上可以说是完败，但是许多国外的应用不支持分享到国内网盘，但是大多都支持分享到 Dropbox，对于经常使用国外应用的人十分方便。此外，Dropbox 还有一项特色功能：增量同步，即文件一旦被修改，仅同步被修改的部分，节约了时间和流量。

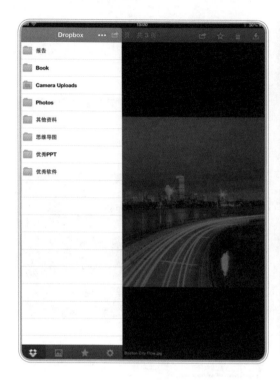

场景 4：老师讲课太快，来不及做笔记怎么办

▲ 使用场景

⊙ 会议发言人讲话或者培训老师讲课太快，你来不及做笔记。

⊙ 你可以用录音代替做笔记，但是录音太长，你只想听其中的一段话，但是又不知道那段话在什么位置。

AudioNote 可以帮你应对这个场景。它能够在你录音的同时记录笔记，当你寻找某段话时，只要浏览笔记就可以知道那段话的大致位置。

◆ 推荐应用

| AudioNote | iOS |

AudioNote 又名语音笔记本，当录音播放至录音时记录笔记的时候，原本黑色的笔记内容就会变成蓝色，就像 KTV 中歌曲播放到的那段歌词就会变色。当然，当你打开这款 App，只要你点击笔记，你就可以调整到录音的相应位置开始播放。除此之外，这款 App 还提供了箭头、圆圈等符号辅助解释。相信这款 APP 能给你整理录音文件、回忆录音内容带来很大的便利。

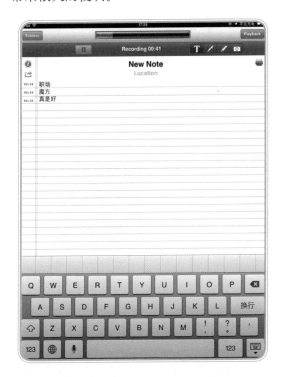

场景 5：怎么对 PDF 文件、照片、网页作批注最方便

▲ 使用场景

⊙ 当同事或下属发给你一个 PDF 文档时，你要进行批注，画出重点或者需要修改的错误，但是 PDF 本身的特性（在不同的设备上打开它，它都不会变形走样）决定了它很难被轻易修改。

⊙ Adobe Reader 可以处理 PDF 文件，但是它过于臃肿、反应太慢。

◆ 推荐应用

我推荐两款小而美的 PDF 阅读器：iAnnotate PDF 和福昕阅读器，相信它们可以让你有不一样的体验。

应　用	功　能	特　点
iAnnotate PDF	• 使用水笔、马克笔等直接涂鸦 • 设置高亮、下划线等 • 添加备注、签名等内容 • 添加照片，录音、标签等附件	• 界面能够自由放大缩小 • 采用局部放大的方式添加签名，更加人性化 • 能选中添加的构件进行移动 • 拥有添加批注内容的大纲视图
福昕阅读器	• 添加线条、矩形等图形 • 设置高亮、波浪线、删除线、下划线 • 能添加涂鸦、注释等内容	• 界面自动适应屏幕大小，无法任意缩放 • 采用弹出新界面的方式添加手写签名 • 支持加密并设置权限 • 支持重排或移除界面

| iAnnotate PDF | iOS | Android |

　　这两款应用都可以通过添加线条、设置高亮等功能来实现对内容的标注。但是 iAnnotate PDF 在页面显示、添加签名、移动构件上更加方便快捷，甚至提供了批注内容的大纲视图，方便查阅。（注：此款应用需要购买企业版方能使用哦）

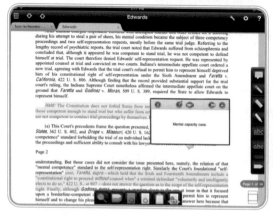
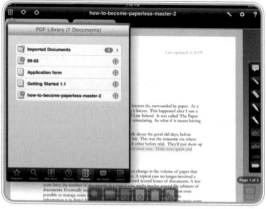

福昕阅读器	iOS	Android

　　与 iAnnotate PDF 相比，福昕阅读器在阅读模式选择、文件加密上更胜一筹，而且原生的中文界面也让很多人更喜欢选择福昕阅读器。至于哪款 App 更加适合你，就是仁者见仁智者见智了。

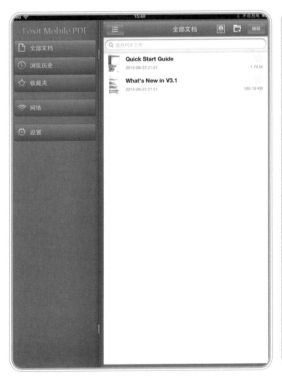

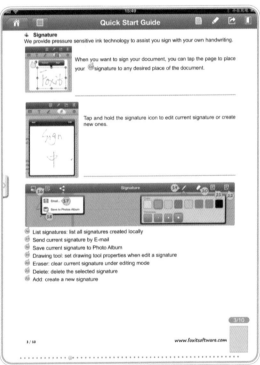

第三节 生活管理（Life）

一、理财

理财管理 3 字诀

在日常生活中，你经常会面临收支不平衡的状态：理想状态是收入＞支出；最糟糕的状态则是支出＞收入。不过，现代人最常遇到的状况是收入＝支出，也就是赚多少用多少，不太拮据却又没有节余，即所谓的"月光族"。

难道真的没有办法达到理想状态吗？

你可以通过理财管理三字诀，运用 App 帮你合理而适度地理财。

⊙ 省字诀：省钱是门学问，同样是省钱，省得好，小日子照样美滋滋，省得不好，可就要过穷日子了。

⊙ 记字诀：想要管住自己的钱，而不是被钱牵着鼻子走，记账绝对是个好办法。知道自己每一笔钱花在哪里，才能不断改善和规划钱财。

⊙ 赚字诀：这里说的赚钱，是赚日常工作收入之外的钱，也可以说是投资；让小钱也可以滚雪球。

场景 1：怎么用 App 省钱

▲ 使用场景

⊙ 在超市购物的时候，想要货比三家，可是来回颠簸结果发现自己记错了，时间也白白浪费。不想浪费时间比较价格。

⊙ 想要得到一些商品的优惠、特价活动信息，还想包邮。但是，为了包邮而不得不买满 xx 元，不知不觉又花了不少冤枉钱。想省下这笔钱。

◆ 推荐应用

| 我查查 | iOS | Android |

用"我查查"扫描商品的条形码，你就可以看到某款商品在不同超市、商场甚至不同电商的价格，真正地做到了足不出户却可以货比三家，节约钱的同时也节省了比价耗费的时间。

STEP 01 打开我查查 →首页 →选择所在城市（此处以上海市为例）。

STEP 02 返回主页→点击屏幕下方的条形码 → 对准商品条形码，自动扫描→ 扫描成功后显示商品信息。

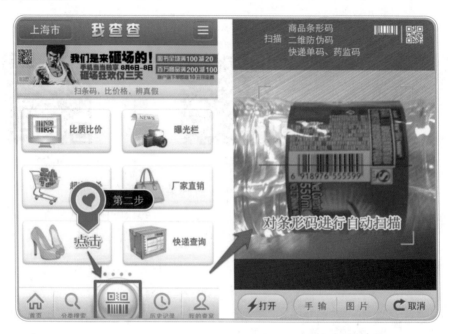

注：这里显示的价格是该商户所有分店中最便宜的价格，如果想查询这件商品在你经常去的那家门店的售价，可以点击该商户查看门店详细信息，如下图所示。

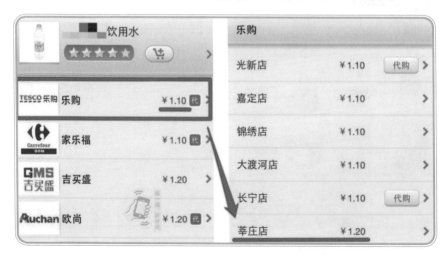

给力小技巧

（1）快递查询功能：选择你寄出的快递公司，扫描快递单上的条形码，就可以查看快递的详细信息。

（2）手机充值功能：输入手机号码，核对信息后选择充值面额（目前只提供 50 元和 100 元面额），最后选择付款方式进行付款（目前只支持银联手机支付）。

折 800

iPhone

iPad

Android

打折类的 App 有很多，但是通过比较，折 800 在同类产品中是比较突出的，它抓住了对折扣类信息感兴趣的人群的胃口，有三个非常吸引人的亮点，让用户在网上购物时会想着要不要去折 800 逛一逛。

⊙ 亮点一：每天都有三场 9.9 元包邮，商品价格便宜、种类多。

⊙ 亮点二：支持手机端通过淘宝直接支付购买商品。

⊙ 亮点三：拥有网页版，用户可以通过网页和手机端进行购买。

App 功能简介如下。

⊙ 独家折扣：你可以参加每天三场的 9.9 元包邮商品，商品的种类多样，且 9.9 元封顶。当然，不是所有商品都能被你抢到。

⊙ 值得逛：通过分类，你可以选购感兴趣的一类商品，当中也有很大一部分商品是包邮的。

⊙ 积分兑换：积分可以直接兑换奖品，也可以参加抽奖，奖品都是包邮送货上门，
个人感觉这一服务比较贴心。

⊙ 个人中心：包括登录、收藏和其他一些信息的设置。

◆ 同类比较

应　用	特　点	局　限
折800 天天9块9 折 800	• 每天都有特价商品 • 提供多种类商品优惠价格 • 人性化的积分兑换制度	营业模式类似淘宝，比较普遍，不够个性化
品牌打折 上海 广州 北京 爱折客	• 提供多种连锁品牌的优惠券或者现金券折扣 • 个性化订阅自己感兴趣的品牌优惠信息	• 品牌优惠活动较少，功能的效用降低 • 虽也有天天特价商品，但是商品种类相对杂乱无章

场景 2：怎么用 App 记账

▲ 使用场景

　　每天的衣、食、住、行没有一样不要花钱，每到月底总是口袋空空，你会不会经常想：
我的钱都用到哪里去了？为什么感觉没有什么大开销，但仍旧月光呢？于是，你想要：

⊙ 知道自己的钱怎么用、用在哪，但是不喜欢烦琐的纸笔记账。

⊙ 无需人工干预就能把账目信息自动同步到云端，回头在电脑上查看处理。

　　针对这些场景，你可以用记账 App 帮助整理日常开销，让它们帮你做一个有规划的有
"钱"人。

　　我推荐三款应用：前两款应用比较"轻"，分别运行在 iOS 和 Android 平台；最后一
款同时支持多个平台，但是比较"重"口味。

◆ 推荐应用

| DailyCost（iOS） | iOS |

STEP 01 打开 DailyCost → 将屏幕中白色纸条轻轻往下拉 →新增一条开销→ 选择开销内容及具体金额→点击√按钮→完成一条开销记录。

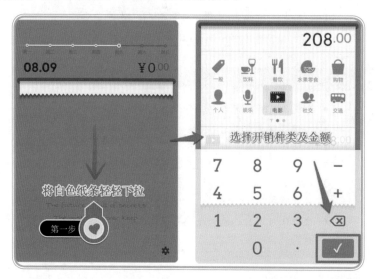

STEP 02 点击右下角的设置按钮→点击货币，选择货币类型点击返回按钮。

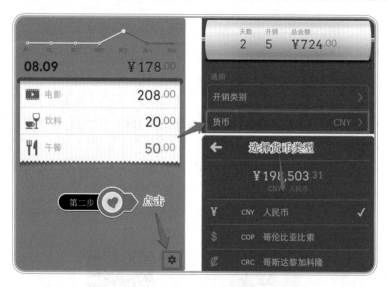

    这款 App 的优点在于界面设计。其界面设计得非常简洁、干净、有点小清新，操作起来也非常容易上手。虽然要记录的项目不像后文即将介绍的挖财那样专业而全面，但是这种简约的设计更容易让人喜欢上记账，而不是被烦琐的数字所困。你也可以通过折线图来比较每日的开销。

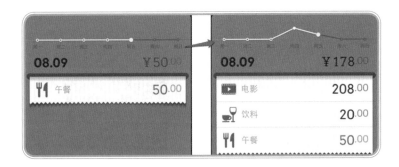

给力小技巧

（1）将账单通过邮件形式导出 Excel 文件（CSV）。

（2）想要更加小清新？换张壁纸试试吧。

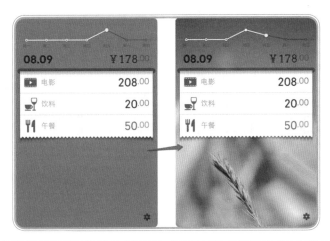

Trackash（Android）　　　Android

　　打开这款 App 后，你可以直接进行记账，方便快捷。而且，值得一提的是，你在编辑开销信息时，可以选择定位功能，同时也可以直接写下当时的心情，非常有趣。另外，它会自动提取你所提交信息中的金额，你只需要选择是收入还是支出即可。

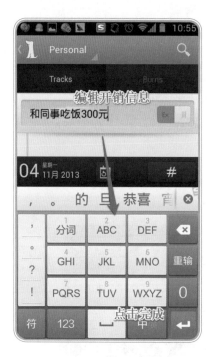

给力小技巧

（1）记账怕被别人偷看？设个密码怎么样？

（2）轻松查看某一天、某星期或者某年的记账信息。

挖财（iOS、Android）

iPhone

iPad

Android

　　"重"口味的来喽！没错，就是挖财了。说到挖财，你可能不会陌生。从用户数量看，挖财几乎可以说是目前国内最火热的一款理财记账 App，而且，它做到了全平台覆盖，让所有人都可以记账。

　　为什么说挖财比较"重"口味呢？原因很简单。从专业角度看，挖财功能齐全，该有的财务功能一个也不落下。于是，与前两款 App 相比，挖财显得比较"重"。但也正是因为功能多而全，反而少了那么一点儿趣味性。

　　现代都市人每天忙忙碌碌，能养成记账习惯的人不多，如果 App 不够"轻"，很可能让你新鲜了两三天后就会渐渐放弃它。但是，挖财能如此流行，自有它的强大之处。这些年我们一直在用的挖财有哪些强大功能？我会一一介绍给你。以下以 Pad 版挖财为例。

　　⊙　**功能一：记账**。你只要输入开销金额，选择类别、商家 / 地点、账户（支付方式）等信息，最后选择保存即可。

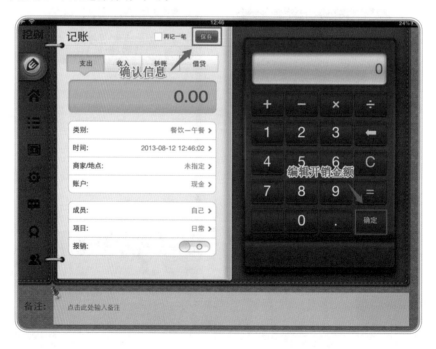

⊙ 功能二：查账。挖财以饼状图的形式表现各类支出所占的比例，让数字告诉你在某一类支出上已经失衡，这样才可以更合理地规划好以后的开销。如果想要知道某类支出的详细情况，也可以点击饼图中相应的扇区来查看。当然，也可以在屏幕左边的主菜单栏上直接选择财务明细菜单，查看所有具体的支出和收入情况。

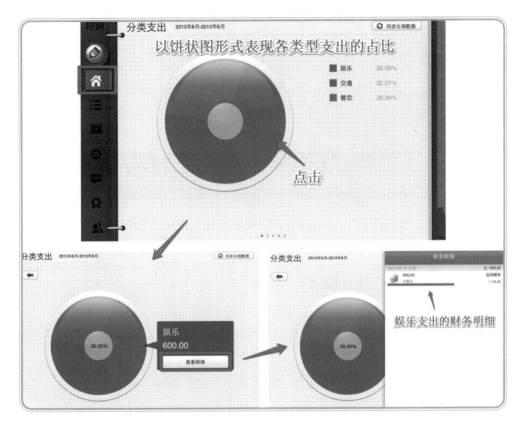

⊙ 功能三：个人资产表。这个功能对于苦逼上班族而言作用不大，但对于个人资产较多或背负债务的人士而言，这个功能非常贴心。此外，在这里可以设置默认币种。

⊙ 其他功能：数据备份、本地口令、账号对比等。这里不再赘述，你不妨自行下载体验。

场景 3：怎么用 App 投资理财

▲ 使用场景

想要钱生钱，小钱变大钱，你准备选择合理而适度的投资，但是，传统的投资理财方式让你很辛苦很麻烦：

⊙ 想买股票、基金、债券，可是每天往证券所跑，很累很辛苦。

⊙ 想买彩票，但是要去销售点购买，买不同彩种还要去不同的销售点，很麻烦。

◆ 推荐应用

| Wind 资讯 | iPhone | iPad | Android |

俗话说得好，"股票有风险，入市需谨慎"。买股票是一门技术活儿，运气固然重要，但是通过有效资讯进行理性分析才是王道。

Wind 资讯可以为你提供相关的金融信息，它在国内市场各类金融机构中市场占有率超过 90%，支持 PC/ 手机 /Pad 平台，界面设计简洁明了，操作方便，财务数据全面，而且还支持语音听新闻。

新浪彩票包含了全国七大热点彩种，用户充值后，可以直接购买彩票，还具有实时中奖查询以及提款等功能。这款 App 界面设计比较简单清新，操作方便，非常容易上手。

二、美食

民以食为天，随着物质生活的提高，我们对吃的要求已经从"吃饱"提升到了"吃好"。其实，吃饭很麻烦，想要吃好也有很多窍门。我推荐几款经典的美食 App，让你能一饱口福。

场景 1：如何发现身边最近的美食

▲ 使用场景

⊙ 下班后饥肠辘辘，想与三两个同事饱餐一顿，但是，吃惯了一家，有想换一另一家的冲动。

⊙ 出差外地，忙了一天，好想在周围找家餐馆美美地吃上一顿，但是人生地不熟。

◆ 推荐应用

大众点评	iPhone	iPad	Android

大众点评除了电影、KTV、优惠券等信息外，美食信息也相当齐全。它不但可以查看附近的餐厅，而且可以查询包括人均消费在内的丰富的信息。你不但可以随手点看签到留言墙上关于该餐厅有图有真相的点评信息，而且也可以发表自己的点评、上传图片、签到留名等。

给力小技巧

查找地理位置：虽然这家餐厅就在附近，到底有多近，我又该往哪走呢？

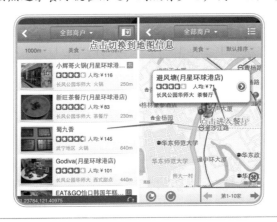

◆ 同类比较

应　　用	特　　点	局　　限
大众点评	• 丰富的点评功能 • 轻松查找附近美食 • 提供众多优惠券	无法单独查看某一具体餐厅位置
食神摇摇	• 轻松找出附近餐厅 • 地图导航，一键拍照，记录美食之旅	评论和图片相对较少

👤 场景 2：你如何最得体地应对客户点菜时说的"随便"

▲ 使用场景

- ⊙ 约了三五个朋友一起出去吃饭，负责点菜的你询问别人吃什么，对方回答"随便"。结果，真正点上来又觉得既贵又不好吃。
- ⊙ 看到菜单上五花八门的菜肴，你不知道该点哪个。

◆ 推荐应用

| 番茄快点 | iOS | Android |

只要确定几个人、在哪里，番茄快点会在 10 秒钟内给你点出一桌好菜，菜量荤素和口味合理搭配，让你满意。

STEP 01 点餐：打开番茄快点，更改用餐人数，然后点击找餐馆，在打开的列表中选择自己喜欢的餐馆或在上方直接输入餐馆名字，即可查看到合理搭配的菜单。

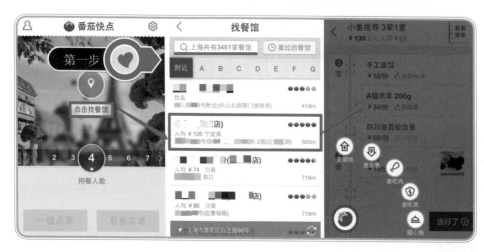

STEP 02 更改菜单：点击左下角的番茄图标，可以根据价格等更改点餐。点击选好了，可查看选择结果和人均价格等。

给力小技巧

可以将点菜单向下滑动，从而添加或者减少一个菜。

场景 3：怎么自学成为一代大厨

◆ 推荐应用

| 豆果美食 | iOS | Android |

豆果美食收录了十万道图文并茂的精美原创菜谱，让你对烹饪"一点就通"；它能根据你的要求为你找到合适的菜；支持美食交流社区，分享吃货的点滴。

STEP 01　查找菜谱：打开豆果美食 → 选择你要做的菜的原材料 →选择喜欢的菜谱。

STEP 02　查看菜谱：点击做菜步骤即可将其放大，方便大家查看。你也可以边看边尝试。

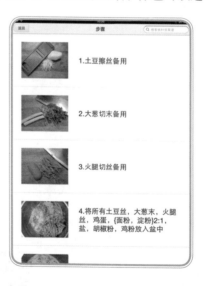

三、社交

朋友是我们在世界上最重要的资本之一，但再好的资本不经营也会荒废；无论是在

PC 端还是移动设备，交友聊天已成为我们日常生活中不可或缺的一项活动。过去，我们已在电脑上使用 QQ、MSN、人人网等传统 IM 工具 / 社交网络，近几年随着智能机的逐步发展，微博、微信也相继问世，我们已经越来越离不开社交网络了。那么哪些社交 App 对职场人的日常生活工作有重要意义呢？

场景 1：如何记录人生足迹和你最亲密的朋友分享

◢ 使用场景

⊙ 与最熟悉的朋友和家人分享某个快乐瞬间。

⊙ 有些心里话只想告诉那些你最信赖的亲人和朋友。

在这些场景，Path 是你和最亲密的家人朋友交流分享的不二之选。

◆ 推荐应用

| Path | iPhone | Android |

Path 是个人社交 App，它将好友数目限制在 150 名，主要用来与自己最亲密的家人、朋友交流和沟通。它不仅支持普通的聊天功能，还支持向他们分享你心里的想法、生活感慨，甚至私密生活，如醒来和入睡时间等。

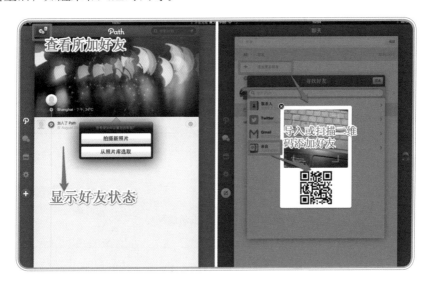

给力小技巧

聊天形式多样化：如何让自己与家人、朋友之间的聊天更加融洽温馨呢？可以通过多种聊天形式来表达自己的想法。

◆ 同类比较

应　用	特　　点	局　　限
ChatON	• 支持"一对一"和群聊 • 可绘制动画信息 • 查看传送的图像和视频	• 无分享功能 • 注册步骤繁杂
Path	• 聊天形式多样 • 丰富的媒体库 • 可与其他网络连接分享生活瞬间	有分享功能不支持微博等国内社交网络

场景 2：如何打造真正属于你和爱人之间的浪漫空间

▲ 使用场景

- ⊙ 在上班忙碌的时候对冷落心爱的那个他而内疚。
- ⊙ 希望那些只属于你们两个人的幸福永远被记录下来。
- ⊙ 在约会时，从未迟到过的他却迟迟不来，你心急如焚，恨不得在他的身上装个 GPS 定位。

◆ 推荐应用

微爱	iOS	Android

微爱是情侣专属 App，主要功能有：支持语聊，并可变音，让你在听到对方的声音后笑到不行；记录你们爱的点点滴滴，例如写心情、记日记、支持无限量相册和唯美封面；在无聊的时候和心爱的他畅聊无止境，也可以轻松确定对方位置。用微爱见证着你们从春夏到秋冬的爱情大概会是最浪漫的吧。

◆ 同类比较

应 用	特 点	局 限
B☆ Between	迅速聊天；按日期整理相簿	无安全锁屏功能
小恩爱	<ul><li>即时短信</li><li>情侣闹钟，让他叫你起床</li><li>情侣空间；特色功能插件</li></ul>	不支持语聊功能和安全锁屏功能
微爱	<ul><li>语聊可变音</li><li>安全锁屏</li><li>可发送位置信息</li><li>壁纸唯美</li></ul>	只有在运行状态时才能看到信息或收到提示

场景 3：如何认识同行或与你有同样兴趣的新朋友

▲ 使用场景

⊙ 想找机会认识自己同行的人，好畅快交流一番，取取经。

⊙ 想与有着共同爱好如摄影的人聊聊关于爱好的那些事儿。

⊙ 觉得自己的圈子太小，时常想着扩展自己的交际圈。

◆ 推荐应用

陌陌	iOS	Android

　　陌陌是国内领先的移动社交 App。你可以跟附近与你有着共同业余爱好的人交流经验心得；也可以找到附近的同行或圈内人士畅谈最新资讯；还可以查到附近的文化艺术展等。当然，你更可以找到新的朋友"谈人生，聊理想"。

◆ 推荐应用

| 唱吧 | iPhone | iPad | Android |

唱吧是一个 K 歌社交应用，也是一个音乐社交平台。通过它的关注功能，你可以在听到好声音的同时认识新朋友。它目前只支持通过社交网络账号登录，然而，与那些需要单独注册的应用相比，采用第三方账号登录更方便。

查找我的朋友

iOS

　　"查找我的朋友"是一款定位朋友家人的 App，iOS 平台专用。只需要发送查看位置请求，在你的朋友接受你的请求后，你就可以在列表或者地图上查看到他的位置了。在与朋友走散或聚餐时确定朋友的位置，或查看孩子放学是否回家等场景，它还可以起很大作用。

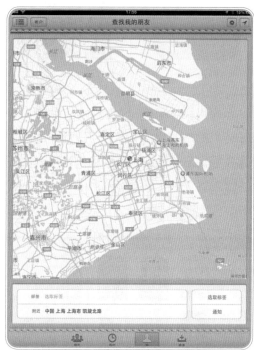

四、旅游

　　近年来，国人不再局限于自己的小世界，而是只要有时间就出去走走。俗话说："读万卷书，行万里路。"旅行是增长见识的最好方法之一。那么，哪些 App 能在帮你将旅游准备工作最简化的同时，还能让你最大限度地在旅途中享受愉快，收获乐趣呢？

场景 1：出门在外应该备一本怎样的旅游攻略

▲ 使用场景

- ⊙ 旅游过程中发现，出发前紧张的计划和准备总有不顺的地方。
- ⊙ 别人轻装上阵，自己大包小包却吃力不讨好。
- ⊙ 想做到面面俱到：既玩得开心，又游得省心。

◆ 推荐应用

本应用操作简单，它是一个"锦囊"，装满六大洲各大旅游胜地的旅游攻略。只需下载旅游目的地的攻略，你就可以随时随地阅读相关的风土人情、景点导游、交通住宿、安全忠告等信息，保证你拥有最美好的旅途。

STEP 打开穷游锦囊，选择你所要去的地方如亚洲→新加坡，点击下载，即可下载攻略并离线阅读。

手把手系列可以从零开始指导你预订机票、酒店，租车、保险，让完全零基础的你瞬间成为旅行达人。

👤 场景 2：如何让你把旅游成本降到最低

▲ 使用场景

⊙ 一直期盼着能够出国旅游，无奈钱包羞涩。

⊙ 你不愿意因为钱包而放弃旅行的梦想。

针对以上场景，你可以使用各种 App 来省钱再省钱。

◆ 推荐应用

"穷游折扣"里有你做梦都想不到的最低折扣，而且覆盖广泛，包括机票、酒店、租车、保险等，让你的旅程全在折扣中。你可以通过全部分类、全部时间、全部国家来进行筛选，方便快速地选出你需要的折扣。

给力小技巧

不论哪款应用提供的信息，都应尽量下载后查看，因为并不是在任何时间、任何地点都有网络或流量，尤其是在国外时。

◆ 同类比较

应　　用	特　　点	局　　限
穷游锦囊	• 信息全面 • 允许离线查看 • 简单的语言帮助 • 支持通过微博求锦囊	需要注册账号
穷游折扣	覆盖广泛的折扣信息，尤其是出境航线	无旅游地的详细信息或攻略等
旅游攻略	• 分类详细，攻略全，信息多 • 页面设置美观大方 • 无需注册，下载后可离线查看	无预订功能

◆ 好玩应用

在路上	iOS	Android

"在路上"可以记录你的旅程，自动生成旅行地图、相册、游记；它也包含了驴友们在全球 200 多个热门旅游地的旅行所见所想，让你既可一饱眼福又可当做旅行小贴士，它还支持分享到社交网络，让你向小伙伴们晒晒旅途的小幸福。

不可不去的地方	iOS

"不可不去的地方"这款应用整合了全世界最热门的旅游国家和城市的旅游信息，唯美的画面让你再也"宅"不下去，所以即刻启程吧。它虽然信息全面，但还是有些美中不足：并非所有攻略都是免费的，在下载第一卷之后的下载价格为每卷 6 元。

途牛	iPhone	iPad	Android

外出旅行的一路上大小事宜都有人包办，那是再好不过的了。"途牛"可以帮你实现这个愿望，你不必担心到达目的地住在哪儿、景点到底怎么走等问题。尽管"途牛"的旅行攻略比不上上述几款 App，但作为基于团体的旅游经验，它还是十分有帮助的。

第四节 商务管理（Business）

一、办公管理

随着智能手机、平板电脑等智能终端在职场中的应用与普及，利用 App 实现移动办公已成为当下职场中的热门话题。在本节，我将按照如下图所示的办公流程，对办公 App 进行梳理和比较。

整理思路　处理文档　制作演示　创新演示　辅助演示

我将从利用思维导图 App 整理思路开始，谈到利用 App 进行创建编辑文档，还会谈如何利用 App 制作演示幻灯片，并推荐一些创新的演示应用，最后将介绍当演示过程中硬件出现问题时，如何使用 App 化险为夷。相信你在看完本节之后，定能成为受老板欣赏、让同事羡慕，能玩转移动办公的职场达人！

场景 1：如何用 App 快速整理思路

▲ 使用场景

- ⊙ 马上就要给老板汇报工作了，脑子里一大堆想法不知道从何说起。
- ⊙ 要写个 Word 文档、做个 PPT 演示文稿，脑子里一团乱麻没思路。

应对这种场景，花几分钟画个思维导图理清思路是个不错的选择。思维导图又称脑图、心智图，是一种有效表达发散性思维的图形工具，它能图文并茂地用相互隶属或彼此相关的层级图把各级主题的关系表现出来，对整理思路、头脑风暴、知识管理工作大有裨益。

◆ 推荐应用

| Mindjet Maps | iPhone | iPad | Android |

说到思维导图，人们会立马想到 Mindjet Maps（原名 MindManger）这款应用广泛的思维导图制作软件，其 PC 版本已经相当成熟，其移动版同样功能强大。那怎么创建思维导图并将它发送给别人呢？我先以 iPad 版为例，介绍其使用方法，再将 Android 版与 iPad 版作简单比较。

STEP 01 创建空白思维导图：下载并安装 Mindjet Maps →点击左上方的 + 按钮，创建新文档，点击输入 Map Name（思维导图名称），点击 Done 按钮，在界面中出现该名字的主题框。

STEP 02 创建新主题：长按主题框，会出现箭头提示→向箭头提示的方向滑动就能创建新的主题。一般来说，向上或向下滑动创建同级主题，与原主题为并列关系；向左或向右滑动创建子主题，与原主题为从属关系；如果沿着标有"S"的橙色箭头滑动，会在两个主题之间创建联系。

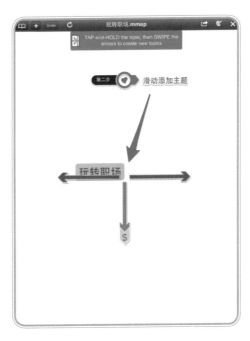

STEP 03 修改主题框：双击**主题框**便可对该主题的内容进行编辑，可点击 icon（主题框图标）、Color（颜色）、Shape（主题框形状）进行编辑。

STEP 04 发送邮件：点击右上方的第一个按钮发送邮件。其中邮件正文是思维导图的文字大纲，附件包含了该思维导图的 PDF 格式和 mmap 格式的文档，便于在 PC 上查阅和修改。

通过以上步骤，你就可以用 Mindjet Maps 画思维导图来整理思路，并且将思维导图发送给你的老板或同事了。在向老板汇报情况的时候，根据思维导图主题的层级依次讲述内

容，加上"首先，其次，再次"或"第一、第二"等逻辑关系词，配合可视化的思维导图，必定让你的老板对你的汇报大加赞赏。

Android 版的 Mindjet Maps 操作上与 iOS 版有较大的区别，这里简单介绍一下。

要创建和编辑主题框，需要先点击任一主题框，再点击屏幕左下角的双齿轮按钮🔧，这样，在屏幕底部和左侧会弹出工具栏，点击屏幕底部工具栏的某个按钮，在屏幕左侧工具栏会显示出相关的一系列功能按钮，通过点击这些按钮完成主题框的创建和修改。

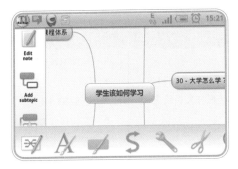

要把思维导图以邮件的方式发送出去，需要双击任一主题框，然后先点击屏幕底部的扳手按钮🔧，再点击屏幕左侧的 Export 按钮🖼，在弹出的菜单中有三个选项可选：File/Image/Text。任选其中之一，再选择邮件，就可以分别将 MMAP 文档、思维导图的图片或思维导图的文字大纲以附件形式发送出去，但不能同时发送 MMAP 文档、图片和文字大纲。

◆ 同类比较

名　　称	特　　点	局　　限
Mindjet Maps	免费，基本满足需求	操作步骤多
iThoughts	简单易用，容易上手	收费：iPad 版 68 元，iPhone 版 50 元

总的来说，Mindjet Maps 和 iThoughts 各有特色。如果你预算紧张，可以选择免费的 Mindjet Maps，它基本能满足你画思维导图的需求；如果你资金宽裕，不妨购买 iThoughts，它便捷的操作和强大的功能必能助你在职场中如鱼得水。

场景 2：客户发来 Office 文件，我怎么用手机 /Pad 看

▲ 使用场景

⊙ 客户发来 Office 文件（Word、Excel、PPT、PDF 等），你准备在手机 /Pad 上查看甚至编辑。

⊙ 在主流移动平台 iOS/Android 上，办公 App 多如牛毛，让你一头雾水，不知如何选择。我推荐几款主流的移动办公 App，帮助你从容应对以上场景。

◆ 同类比较

应　用	编辑功能	支持格式	显示效果
Office 办公助手 （免费）	• 无法编辑 Word 和 PPT，只能实现 TXT 的简单编辑	• DOC/DOCX • TXT • XLS/XLSX • PPT/PPTX • PDF	• 表格的合并单元格消失 • PPT 中缩小的图片无法正常显示
QuickOffice （免费）	• 能修改 Word 文档的字体格式等 • 能修改 PPT 的文本内容，编辑图片格式等	• DOC/DOCX • TXT • XLS/XLSX • PPT/PPTX • PDF	• 原表格边框消失，合并单元格消失
WPS Office （免费）	• 简单地编辑 Word 文档 • 修改 PPT 的文本 • 插入图片 • 不能新建文档	• DOC/DOCX/WPS • TXT • XLS/XLSX/ET • PPT/PPTX/DPS • PDF	• 文档中的表格和 PPT 显示正常 • WPS Office for iOS 不能编辑电子表格
Pages(收费)	• 有强大的编辑功能 • 能修改字体、段落等格式 • 能插入图片、编辑表格等	• DOC/DOCX/TXT 注意：不支持 XLS、PPT、PDF 等格式	表格图表显示正常

应　　用	特殊功能	运行情况	总　　结
Office 办公助手（免费）	● 电子邮件发送文稿 ● 翻页时底部有显示百分比的进度条 ● 集成了便签、提醒、录音功能	PDF 翻页卡顿	只能对 TXT 进行编辑，基本上只能作为文件查看工具。集成的便签、提醒、会议录音让这款软件更加全面
QuickOffice（免费）	● 实现电子邮件发送文稿 ● 拥有密码锁功能 ● 集成 Google Drive	编辑时出现延迟，偶有闪退	可以实现较复杂的编辑功能，但是不支持插入图表，而且稳定性和兼容性有待加强
WPS Office（免费）	● 电子邮件发送文稿 ● 集成金山快盘、Dropbox、SkyDrive 网盘，便于文件的获取与转发	PPT 翻页加载稍有延迟，PPT 插入图片闪退	WPS Office for iOS 无法新建文件，无法编辑电子表格，可以对内容进行简单编辑；WPS Office for Android 可以查看、编辑、新建 Office 文件。两者浏览时均较为顺畅，兼容较好。均集成多个网盘，为软件加分不少
Pages（收费）	● 电子邮件发送文稿 ● 通过支持 WebDAV 的网盘分享	运行流畅	编辑功能在这四款应用中最强大，可以单独在 Pages 上新建文档。但是分享功能较弱，方式较为单一，仅支持 iOS

　　从以上比较可以看出，四款软件各有特色：Office 办公助手集成了便签、提醒、录音多种功能，但是基本不能对文档进行编辑处理；在显示效果和运行情况上也存在一定的问题。

　　QuickOffice 的密码锁功能很有特色，其编辑功能比 Pages 弱，但是比 WPS Office 强，其软件稳定性和兼容性是四款软件中最差的，它的界面设计也让新手比较难以上手。

　　WPS Office 基本上无法实现文档的编辑，但是它在兼容性和稳定性上表现很好，还集成了网盘分享、邮件发送等功能，将 WPS Office 用做文件阅读器不失为一个很好的选择；

　　Pages 作为苹果 iWork 办公套件的组件之一，编辑处理功能最强大，甚至可以直接在 Pages 中创建文档，邮件分享功能也基本满足需求。但是它不支持 PDF，要配合 iWork 的其他组件才能处理 PPT、XLS 文件，这是它的最大局限。

　　总的来说，我推荐使用 Pages (iOS)、QuickOffice (iOS/Android)、WPS Office(Android) 作为文件编辑工具，WPS Office (iOS/Android) 作为文件查看工具，它们的完美搭配定能让

你在 iPad 上处理文件得心应手。

　　注：本书定稿前，Google 宣布 QuickOffice 免费并迅速上架免费版；苹果宣布 iWork 套装（Pages/Numbers/Keynote）即将免费，但截至本书定稿时，免费版的 Pages 尚未上市；金山承诺将在新版 WPS Office for iOS 中加入新建文件功能，未来将加入电子表格编辑功能，但截至本书定稿时，新版 WPS Office for iOS 尚未问世。

场景 3：如何用 iPad 做出精美的幻灯片

▲ 使用场景

　　⊙　要给老板汇报工作，思维导图太简单。

　　⊙　你想要多加一点动画和图片让演示更加精彩。

　　针对以上场景，Keynote、Haiku Deck、Deck 这些演示应用定能助你一臂之力。

◆ 推荐应用

　　Keynote 是苹果公司推出的演示幻灯片应用软件，与微软推出的 PowerPoint（PPT）相比，Keynote 不但能很好地满足演示的需求，而且在动画特效和三维转换上更胜一筹。下面就介绍如何快速地用 Keynote 制作出精美的幻灯片。

　　STEP 01 创建演示文稿：打开 Keynote → 点击左上方的按钮 +，创建新演示文稿→点击选择主题。

　　STEP 02 编辑文字：双击文本框，输入文字→ 在此状态下，点击右上方的笔刷键，更改文字的样式、列表、布局等内容→点击文本框，将其移动到你想要的位置→ 在此状态下，点击右上方的笔刷键，调整文本框样式。

　　STEP 03 编辑图片：选中图片，点击图片右下方的图片替换按钮，替换图片→点击右上方的笔刷键，更改图片的样式→拖动图片周边的原点，改变图片的大小→移动图片到你需要的位置。

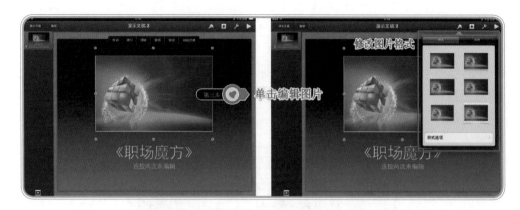

STEP 04 添加媒体、表格、图表、形状等构件：点击右上方的加号按钮 + → 点击媒体选项卡，添加图片 → 点击表格选项卡，添加表格 → 点击图表选项卡，添加图表，点击图标输入数据；点击形状选项卡，添加形状。

STEP 05 添加构件动画：点击文本框、图片等构件，选择动画效果；选择构件出现动画（构件消失动画与之同理），选择动画效果。

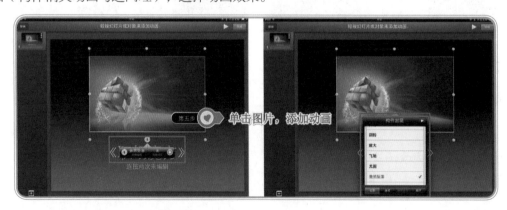

STEP 06 添加幻灯片和幻灯片过渡动画：点击左下方的加号按钮＋→点击选择幻灯片板式→ 在左侧页面预览栏点击幻灯片，选择过渡 → 选择过渡动画效果。

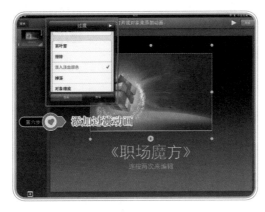

通过以上步骤，你已经可以通过编辑文字、图片并添加动画来实现演示文稿的创作，下面分享三个给力小技巧让你事半功倍。

给力小技巧

（1）怎么让你的图表变成三维立体图表？

点击右上方的加号按钮＋→图表→三维，选择图表类型，单击图表，编辑数据，完成后按住图表中心陀螺键移动。

（2）原来的图片被新加的图片盖住了怎么办？

单击构件，点击右上方的笔刷键，然后排序，根据需要选择移至后面／前面，然后拖动按钮。（该技巧对文本框、图片、表格、图表、形状等构件都适用。）

（3）一张图片有多个动画，怎么给动画排序？

在添加构件动画界面中，选择顺序选项卡，按住右侧的按钮上下移动即可。

除了苹果公司的 Keynote，还有 Haiku Deck 和 Deck 两款软件都可以在移动终端进行幻灯片的制作和演示，这三款软件都各有特色。Keynote 凭借其强大的制作功能，以及炫丽的动画效果和三维呈现，可谓 iPad 终端的幻灯片软件的集大成者；Haiku Deck 最大的特色就是制作快捷简单，只需几步操作就能制作出风格商务的简约幻灯片，而且其内置的关键词搜图功能大大节省了制作幻灯片的时间；Deck 的亮点在于只需将你的汇报内容输入 Deck，选择模板，就能制作出有华丽的动画效果的演示文稿。下面简要介绍这两款软件如何使用。

| Haiku Deck | iOS (iPad) |

STEP 01 创建演示文稿：点击下方的加号按钮＋→在文本框中输入名字 → 点击 Edit(编辑) → 往下拖动选择 THEME（主题：包括字体、颜色等设定）。

STEP 02 制作幻灯片板式：在左边的 SELECT FORMAT（选择板式）中选择幻灯片板式 → 点击幻灯片输入幻灯片内容。

STEP 03 插入背景、图表：点击左侧的图片按钮 → 点击关键词，搜索相关图片 → 选择图片，使其成为背景图片 → 点击图表选项卡，选择图表格式 → 点击 DONE（完成）插入图表 → 点击编辑数据，完成插入。

STEP 04　修改幻灯片布局：点击左侧的版式按钮单击 CHOOSE A LAYOUT → 选择幻灯片版式布局 → 点击 DONE（完成）进行修改。

给力小技巧

　　在插入环形图后，点击拖动图表附近的小圆圈，便可调整各环形所占的比例；点击加号按钮 + → 便可增加组数。柱状图与之同理。

STEP 01 创建演示文稿：点击右上方的加号按钮＋→在文本框中输入名字，点击 Create，双击 Open your presentation memory，删除原文字后，编辑首页幻灯片的标题。

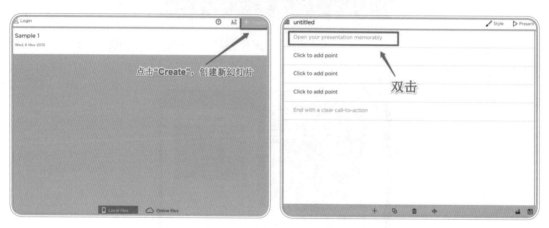

STEP 02 添加新幻灯片：单击左下方的加号按钮＋→添加新幻灯片→双击左侧的 Click to add point，编辑该页幻灯片的标题→完成。

STEP 03 输入幻灯片内容：输入文字内容后，点击内容旁的"＋"号键→选择插入图片（Image）、图表（Chart）、图形（Diagram）或表格（Table）。

STEP 04 设置过渡动画并保存：点击右上方的 Style（风格），选择过渡动画模板，点击右上方的 Present（演示）进行预览，最后选择保存。

◆ 同类比较

应　　用	特　　点	局　　限
Keynote	文字图片处理功能强大：能进行排版，能保存为 PPT、PDF、Keynote 格式通过邮件进行分享	收费，在 iPhone 上操作不便
Haiku Deck	风格简洁商务，简单易用	排版字体有限制，无法导出编辑，只能在 iPad 上演示
Deck	动画炫丽，简单易用	排版字体有限制，无法导出编辑，只能在 iPad 上演示，免费模板较少

总的来说，Haiku Deck 和 Deck 的功能远不如 PPT 和 Keynote 强大：不能对文本框、图片等构件进行移动或修改大小，不能对构件设置动画，不能通过 PPT、Keynote 演示修改。但是它们都能快速地做出优秀的演示文稿，而且各有特色：Haiku Deck 做出的演示文稿，通过文字和图片的结合制造出商务简约的风格，比较适合辅助演讲；Deck 做出的演示文稿，只需要输入文字、插入图表，选一个模板就可以制作出动画很炫的演示文稿，比较容易吸引观众的注意力。所以如果你对 PPT 的排版、配色、动画有足够的把握，Keynote 定能满足你的需求。你如果不擅长设计，不妨选择 Haiku Deck 和 Deck，通过简单的步骤做出有吸引力的演示文稿。

场景 4：除了幻灯片，还有什么 App 可以用来进行商务演示

▲ 使用场景

- ⊙ 你认为 PowerPoint 和 Keynote 把内容放入每一页中的方式对展示造成了一定的限制。
- ⊙ 千篇一律的 PPT 演示可能让老板提取不起兴趣，你想使用其他工具让你的演示随心所欲。

应对以上场景，Prezi 和 Paper53 或许是你需要的答案。

◆ 推荐应用

| Prezi | iOS (iPad) |

Prezi 与幻灯片的不同之处在于 Prezi 并没有页的概念，所有的内容都在一张纸上呈现，通过其强大的转场功能实现切换，相比之下更加适合 idea 的阐述。具体使用方法如下。

STEP 01　创建 Prezi 文档：注册登录账号（不注册登录不能制作使用），单击 +New Prezi，在文本框中输入文档名称，单击 Create 按钮。

STEP 02 选择模板并编辑内容：点击（选择）适合的演示模板→ 编辑 PPT 内容（可以选择多种样式）。

STEP 03 演示 Prezi 文档并保存：点击 Present 按钮，开始演示→ 点击屏幕的左方或者右方，切换演示页面 → 点击右上方"x"号键，结束演示 → "Save and Close"，将演示文稿保存。

虽然 Prezi 的转场动画强大，不过需要注意，目前 iPad 中使用的 Prezi 在输入中文时可能有部分字符不能显示。所以建议在电脑端编辑制作好 Prezi 文档之后，再通过云端同步到 iPad，在 iPad 上演示。

实际上 Sketches 也是一种独特的演示工具，Sketches 能让你在 iPad 上作画，其内置的多种画笔和强大的手势功能，让你的展示更加形象化。进入 Sketches 之后，选择左边的画笔即可开始作画，也可在左边采用橡皮擦擦除笔迹，调整颜色。

给力小技巧

Sketches 的手势操作技巧。

（1）食指和拇指同时按住屏幕向左滑动即可撤销上一步操作。

（2）双击选色卡的颜色，可以调整颜色的色相、明度。

（3）两只手指收拢（pinch close），进入画廊界面，左右滑动选择画布或添加画布，按住向下滑动删除，按住向上滑动分享。

◆ 同类比较

应　用	特　点	局　限
Prezi	<li>缩放方便</li><li>转场动画华丽</li><li>模板丰富</li>	对中文支持一般，部分中文无法显示
Sketches	<li>画笔多样</li><li>手势功能强大</li><li>应用免费</li>	要求用户有一定的绘画技能

场景 5：如何用手机遥控 PPT 演示

▲ 使用场景

　　给老板汇报演示时，通常需要一台电脑播放幻灯片，电脑通过 VGA 线连接投影仪，投影仪将电脑界面投影在幕布上，演讲者拿着遥控器控制 PPT。然而，对于以下场景而言，你需要用手机遥控 PPT 演示。

⊙ PPT 遥控器损坏，你又不想傻傻地站在台上按鼠标。

⊙ 演示用的电脑损坏，你需要替代工具。

◆ 推荐应用

向日葵	iOS	Android

　　向日葵是一款能够实现手机或 iPad 远程控制电脑的应用，这也是我在尝试了十多款号称能够遥控电脑的 App 后，唯一一款实验成功的 App。下面具体介绍如何使用它来遥控电脑，实现 PPT 翻页。

STEP 01 手机安装 App，添加主机：下载向日葵→ 免费注册 Oray 账号 → 点击立即添加主机按钮→在界面中输入主机名称与描述 → 获得葵码。

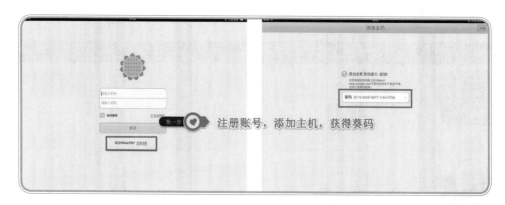

第一步 注册账号，添加主机，获得葵码

STEP 02 电脑安装软件，打开远程控制：下载向日葵 PC 客户端 → 打开远程控制模块 → 设置远程访问密码 → 输入葵码。

第二步 打开远程控制模块

STEP 03 选择主机，远程控制电脑：选择主机，输入远程访问密码 → 选择远程控制 → 显示手势操作 → 点击开始演示 PPT。

第三步 连接远程桌面

通过以上步骤，即使你在演示 PPT 的过程中遥控器坏了，你也可以用手机或者 iPad 来远程控制电脑，实现 PPT 的翻页了。但是，如果演示的电脑出现问题又没有备用的电脑怎么办？可通过下面介绍的 Keynote Renote 来实现。

| Keynote Remote | iOS |

其实你只需要一台装有 Keynote 和另一台装有 Keynote Remote 的 iOS 设备就可以确保演示汇报的照常进行。以 iPad 和 iPhone 为例，当演示电脑崩溃时，你只需要从容不迫地掏出 iPhone 打开 Keynote Remote，然后打开 iPad 中的 Keynote，通过蓝牙或 Wi-Fi 完成 iPhone 和 iPad 之间的连接。接下来，将你的 iPad 插上 HDMI 适配线，连接 VGA 线完成与投影仪的连接。至此你就可以通过操控 iPhone 上的 Keynote Remote 来控制幕布上的演示了。

STEP 01 打开 Keynote Remote，获得口令：打开 iPhone 的蓝牙→ 打开 Keynote Remote → 点击链接到 Keynote Remote → 新建 Keynote 链接→ 获得口令。

STEP 02 打开 Keynote，输入口令，建立链接：打开 iPad 的蓝牙→ 打开 Keynote → 点击工具按钮 → 选择 Remote → 输入口令，完成链接。

STEP 03 连接 iPad 和投影仪，手机控制播放：在 iPad 上插上 HDMI 适配线→再连接 VGA 线，完成 iPad 与投影仪的连接→操控手机上的 Keynote Remote，实现幕布上的演示。

◆ 同类比较

应　　用	特　　点	局　　限
向日葵	远程控制电脑，实现所有文件的演示查看	需要在电脑中安装 PC 客户端，而且电脑和移动端都需要上网
Keynote Remote	无需电脑，只需两个 iOS 设备，可通过蓝牙连接设备	需要 HDMI 适配线，只能演示 Keynote 格式的文件

二、人脉管理

一个人事业成功的关键，20% 源于自身因素，而另外 80% 则源于社交因素，即与他人相处。拥有丰富的人脉关系，是为事业打下的最牢固的地基。

那如何才能拥有广阔的人脉？去哪里才能结识到真正对自己事业有帮助有意义的群体？拥有了人脉之后，又该如何管理如何维护呢？

下面通过推荐几款实用 App，为大家一一解决上述困扰。

场景 1：哪些工具有助于我们结识人脉

▲ 使用场景

⊙ 你可能经常听到朋友这样说：

⊙ "我今天去了一个论坛，认识了好多志同道合的工作伙伴，说不定以后能有业务上的合作。"

⊙ "今天参加的峰会入场券可不是谁都能买到的，多亏了×××。"

这时你可能会想，为什么他们总是有那么多朋友、客户，而自己却根本没这样的机会？不用担心，针对这种场景，你也可以通过 App 来帮助你寻找到属于你的人脉。

◆ 推荐应用

LinkedIn 可以说是专业人士的掌上人脉网络。LinkedIn 在诞生之初，是一个为职场人提供线上简历展示的平台，在后来的十年中，LinkedIn 逐渐发展为如今为个人提供职业人脉管理服务的形态。

LinkedIn 可以轻松帮助我们推销产品，寻找合作伙伴、工作机会或者因为面试而需要结识的某个人。例如，如果你在 LinkedIn 中找到将要面试自己的考官，顺便了解到他和你一样是一个棒球爱好者，更加巧合的是你们又在此拥有同一个熟人，那么你的面试应该不成问题了。另外在 LinkedIn 中，你也可以看到专业人士分享的信息以及最新的业内相关资讯，方便快速地了解所在的行业。

新浪微博	iPhone	iPad	Android

STEP 打开新浪微博→广场 →周边。

你每当在参加某个论坛或者峰会的时候，通过定位寻找周边的微博，就可以看到周边的人、照片和微博，在这些人之中就很可能就有正在和你一起参加活动的朋友，这样去与他们结识，共同话题是不是马上就来了呢？而且，通过 7 个人，你就可以认识全世界的人。有了这个方法，你还怕朋友少吗？

除了常规的微博和微信之外，还有一些商务人脉拓展 App 可能也会给你一些不错的人脉机会，例如：经纬名片通、友联系、得脉等。

场景 2：如何给你的通讯录备份

▲ 使用场景

当你结识了很多朋友，拥有了自己的人脉、自己的圈子以后，管理通讯录成为麻烦事：

- ⊙ 万一一不小心手机丢失，这些好不容易得到的人脉信息就找不回来了。
- ⊙ 换手机以后，尤其是换用另一个操作系统的手机以后，旧手机里的通讯录不容易转移到新手机里。

针对这一场景，下面推荐的这款 App 可以华丽丽地帮你把人脉信息备份到云端，解决人脉随手机丢失和随通讯录迁移难的烦恼！

◆ 推荐应用

| QQ 同步助手 | iOS (iPhone) | Android |

STEP 01 打开手机管家→点击屏幕右下方的按钮⊙→用 QQ 账号登录。

STEP 02 点击立即备份按钮→等待数据备份→点击备份完成按钮。

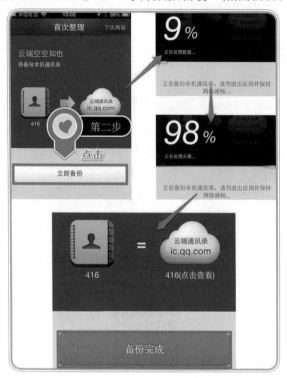

STEP 03 更新手机通讯录→打开手机管家→按屏幕右下方的按钮 ，将更新的通讯录同步到云端。

给力小技巧

（1）"历史"功能可以帮你恢复通讯录。

（2）你如果在使用的过程中遇到问题，可参考此功能中的常见问题来进行解答。

（3）Android 版"更多"功能中，你可以对短信、通话记录甚至软件也进行备份。

◆ 同类比较

应　用	特　点	局　限
QQ 同步助手	• 操作简单 • 功能实用 • 支持多平台用户	• iOS 版本不提供短信、通话等备份功能 • 需要登录 QQ 账号
友录通讯录	• 操作方便 • 强大的联系人查找功能	需要注册后才能同步

场景 3：如何高效地维护自己的人脉

▲ 使用场景

⊙ 工作和生活节奏太快，每天要处理的人际关系太多，一不小心就忘记，还容易得罪人。所以，想让自己的人脉清清楚楚。

⊙ 与有些人见过一次面以后，想在最短的时间内记住对方。

◆ 推荐应用

印象笔记·人脉	iOS	Android

STEP 01 打开印象笔记・人脉→登录（创建账户）印象笔记账号。

STEP 02 单击连接到 LinkedIn 或者手动创建个人资料按钮→填写资料→完成→单击开始用人脉按钮。

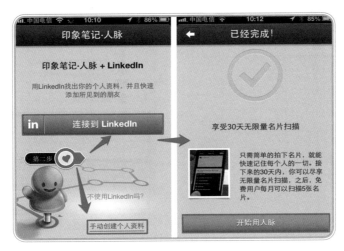

在上面的第二幅图中，第一次登录或注册的用户可以享受 30 天无限量的名片扫描，印象笔记的高级用户则可以无限量享受此功能。值得一提的是，印象笔记的名片扫描功能丝毫不逊色于专业名片扫描 App，你一试便知。

STEP 03 点击屏幕上的 + 按钮→可选择 4 种方式添加联系人。

（1）选择快速添加选项→点击 LinkedIn 按钮→填写账户信息→点击 Sign in and allow 按钮→点击保存按钮。

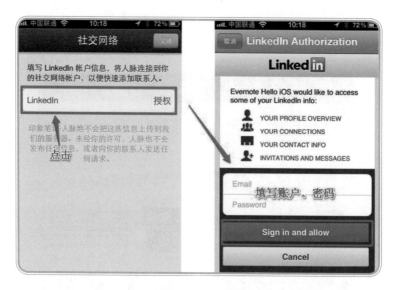

（2）选择自己加选项→点击从联系人中添加按钮→选择联系人→点击保存（取消）
按钮。

（3）选择拍名片选项 →对准名片，自动拍照→确认联系人信息（同时会定位你现
在所在的位置）→点击保存按钮。

（4）选择响一响选项 →点击音频 / 手动按钮→自动连接你周围的人脉用户。

如果你的周围也有人正在使用人脉，那么"响一响"功能就能快速地帮助你找到并连接其他人脉用户。

STEP 04 返回印象笔记·人脉主界面→点击上次保存好的联系人图像后，出现上次会面的详细信息→点击添加会面按钮→编辑会面信息，点击保存按钮→点击保存按钮。

给力小技巧

在印象笔记·人脉首页上轻轻向右一划，可对自己的信息进行编辑。

场景 4：如何批量设置领导 / 重要客户的生日提醒

▲ 使用场景

⊙ 你想在领导和重要客户过生日时给他们发送祝福短信，但是人数太多、生日太分散，让你手忙脚乱。

⊙ 打通不同社交平台（如新浪微博、腾讯微博、人人网）之间的联系，全方位地了解同一位联系人在不同社交网络的动态。

◆ 推荐应用

STEP 01 打开葡萄社交助手 → 登录常用的社交平台或注册（以新浪微博为例）。

STEP 02 打开主界面→选择助手 →点击生日提醒按钮→ 选择联系人 → 直接编辑祝福短信 →点击发送按钮。

作为有生日提醒功能的 App 来说，葡萄社交助手（以下简称葡萄）并不是最出色的，但为什么我舍其他而选这款呢？原因很简单，葡萄主打的并不是生日提醒功能，而是"通讯录"和"社交平台"之间的关联性，它打通了现在最流行的三种社交平台：新浪微博、腾讯微博和人人网。如果联系人同时拥有这三种平台账号，就可以在葡萄上进行全部关联，你只要通过葡萄就能看到联系人在这些平台上的所有动态。

给力小技巧

（1）同步功能

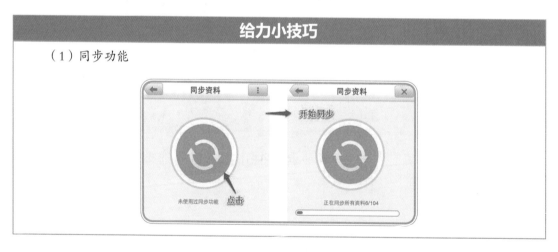

给力小技巧

（2）设置菜单中，可以选择头像的同步以及来电秀，这样，在联系人给你打电话的时候，就可以显示他的微博头像。（如果之前设置过联系人来电头像，则不会显示微博头像）

◆ 同类比较

应 用	特 点	局 限
葡萄社交助手	• 通讯录与社交平台无缝链接 • 人性化功能：头像导入、生日提醒等	生日提醒功能需要进入葡萄查看，不能手机提醒
生日提醒	• 强大的联系人索引功能 • 可设置生日手机提醒	单纯的生日提醒

三、时间管理

　　时间管理是每个职场人的必修课，高效地利用时间是每个职场人的追求，"早上10点之前完成工作"是每个职场人的梦想。如今，手机/Pad 的普及使时间管理可以借助移动设备随时随地进行，提高了时间管理本身的效率。在本节，我推荐一些能帮你做好时间管理的 App。

场景 1：用微信如何实现"时间管理"

▲ 使用场景

⊙ 突然想起一件重要的事情还没做，但是不方便记录书写。

⊙ 想通过语音快速设置手机提醒自己要做的事项。

◆ 推荐应用

微信 |iOS& Android | 免费	iOS	Android

STEP 01 打开微信 → 通讯录 → 服务号，选择语音提醒。

STEP 02 点击按住说话按钮，设置提醒时间和事项。

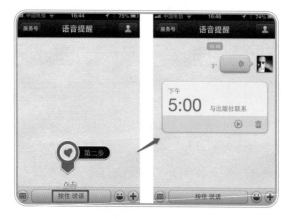

◆ 同类比较

应　用	特　　点	局　限
 Any.do	• 免费，界面简洁 • 通过插件与 Chrome 同步 • 语音输入	时间需手动设置
印象笔记定时提醒	手机与 PC 端同步	
微信语音提醒	• 普及程度高，遵循"少即是多" • 语音识别能力强	

场景 2：如何最高效地用手机实现番茄工作法

▲ 使用场景

　　⊙　利用手机帮你执行番茄工作法，在一个番茄时间内集中精力工作或读书。

　　⊙　免去使用闹钟或秒表计时的麻烦。

　　有人说："成功的技巧在于一段时间，集中精力，做一件事情。"番茄工作法就是让你集中精力专注于事务的一种科学的时间管理方法。把工作时间切割成 25 分钟一段（一个番茄），在该时间段里，集中精力只做一件事情直到这个时间段结束。一个番茄时间结束后，休息 5 分钟再开始下一个番茄时间。

◆ 推荐应用

Concentrate! Timer|iOS|6 元　　　　　　　iOS

STEP 01 　打开 Concentrate! Timer →点击右下角的设置按钮⚙，设置 WORK time（工作时间）和 BREAK time（休息时间）等。

STEP 02 按下闪烁的播放按钮，番茄钟就会启动。一个圆圈代表 60 分钟，等分成 12 份，每五分钟一个刻度。其中

⊙ 圈内显示当前时间和一个番茄时间过后的时间；

⊙ 圈外则是一个饼图，显示一个番茄时间已走的时间和剩下的时间。

STEP 03 若番茄时间内有其他要紧事情，点击中间的灰色方块按钮，停止计时；也可以快进到休息时间。

STEP 04 一个番茄时间结束，点击 Continue 按钮，进入休息时间。

给力小技巧

在（SETTING 设置）中，开启 COLOR change 后，饼图的颜色就会随着时间流逝而不断变化，更有紧迫感。

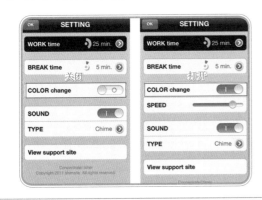

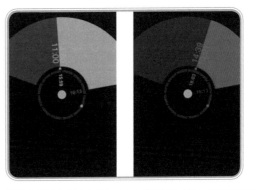

◆ 好玩应用

30/30 |iOS | 免费　　　　　iOS

30/30 是一款结合倒计时的每日行程提醒软件，用户只要把今天或者接下来一段时间内要做的事情列出来，拖动倒计时时间轴，软件就可以为你显示出一个五颜六色的行程表。充分使用手势功能是该应用最大的特色。

- ⊙ Spread apart：双指向外分开创建新任务。
- ⊙ Slide right to delete：向右滑动删除任务。
- ⊙ Slide left to move to bottom：向左滑动把任务放置在最后处理。
- ⊙ 2-finger tap to move to top：双指轻触任务，将其置顶优先处理。
- ⊙ 3-finger tap to copy a task：三指轻触复制任务。

场景 3：如何高效实施清单革命

▲ 使用场景

- ⊙ 你经常被诸多烦琐的工作压得喘不过气来。
- ⊙ 有时，在 Deadline 临近时，事情仍未启动。

以上场景说明你没有为自己制定一份待办清单（"To-Do List"）。我推荐几款 To-do 类应用，帮助你制定出清晰的待办清单。

◆ 推荐应用

我在第五章推荐了 Any.do 和 Doit.im，这里再推荐一款强大的树状图式任务管理应用 SlickTasks，它以思维导图的形式把待办事项分成一个个的分支，使我们的大脑更容易记忆，同时还支持 Tag 标记，搜索和 SlickTasks 云端同步。更重要的是，SlickTasks 支持 Chrome 扩展，将移动应用延展到了 PC 端。

SlickTasks| iOS & iPad | 免费	iPhone	iPad

STEP 01 添加 projects（项目）：点击右侧的加号按钮 ⊕，添加项目。例如，可添加工作、学习、生活等。

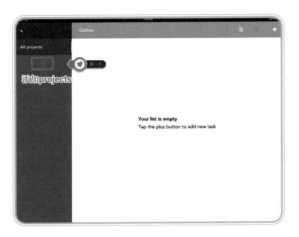

STEP 02 制定任务：点击某项目→在 outline（大纲视图）中，点击右边的加号按钮 ⊞，添加任务→点击该任务，弹出任务设置框，可进行添加同级、添加子级、编辑、删除和增加详情等操作。

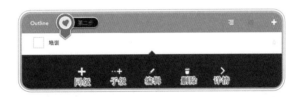

STEP 03 调整任务：长按某任务，进入 Reorder mode（重新排序）→按住右边的
按钮，调整任务的顺序。或者左右滑动，调整任务的层级。

STEP 04 执行任务：点击按钮，切换到 Todo 视图，以确定当天及近期几天需要
执行的行动→勾选任务前的复选框，表示任务完成。

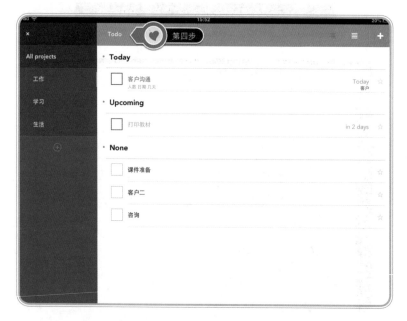

◆ 同类比较

应 用	特 点	局 限
Any.do	• 免费，界面极简洁，操作简单 • 通过插件与 Chrome 同步 • 语音输入 & 智能关联输入	
Doit.im	• 功能强大，支持 iOS&Android 多平台 • 网页版同步，并能同步谷歌日历	• Pro 账户一年 100 元 • 非 Pro 账户每天仅能同步一次
Things	• 界面简洁，设置简单 • 同步 Mac 上的 Things 应用程序	• 费用贵，68 元 • 目前仅 iOS、iPad 和 Mac 版本
时间表	• 多人协同功能 • 重复事件设置便捷 • 语音输入 & 常见事项模板 • 支持 iOS&Android 多平台	iOS 版 6 元
SlickTasks	• 免费，操作简单 • 任务层级展现清晰 • 设置标签、优先级等 • 同步云端 SlickTasks	仅 iOS & iPad

场景 4：哪款工具可以帮你做好"流水账"

▲ 使用场景

如果你需要把未来的事务安排在一个确定的时间，例如：

⊙ 制定日程。

⊙ 制定周计划、月度计划甚至年计划。

那么，上一场景介绍的 To-do 类应用就不适用了。你需要使用日历类应用，把日程和计划安排得更系统化、更便捷。

◆ 推荐应用

STEP 01 打开 Google 日历→长按某天，弹出新建活动。

STEP 02 可进行编辑，设置活动名称、活动地点、活动时间、提醒设置、活动颜色。

⊙ 时间设置，此处交互设计非常棒。

⊙ 提醒设置。

⊙ 活动颜色。

STEP 03 转到设置→ 账户→日历，触摸可立即同步，这样就能同步云端的 Google 在线日历。

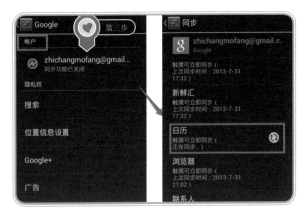

给力小技巧

在 Google 在线日历中设置短信与邮件提醒

（1）点击我的日历后面的下拉菜单→设置，进入日历设置页面。

（2）点击移动设置→输入电话号码→发送验证代码→输入手机收到的验证代码，完成设置。

（3）在 Google 在线日历中创建新活动→在提醒设置中添加 SMS、电子邮件或弹出式窗口→点击保存按钮，到点可收到设置的提醒。

CalenMob |iOS| 免费（在 iOS 平台同步 Google 日历）

iOS

STEP 01 打开 CalenMob → 输入 Google account →点击 Verify（验证）按钮，完成验证后，将自动同步 Google 日历以及 Doit.im 账号。

STEP 02 点击 Settings 按钮，设置 Offline Mode（离线模式）、iOS Calendar（iOS 日历）等。

STEP 03 点击加号按钮 +，添加新的任务。

使用 iOS 直接同步 Google 在线日历

Google 在线日历是职场人制定日程和安排事务的首选工具之一，将日历从云端同步到移动设备更加方便。Android 可以很容易地将手机/平板电脑的日历与 Google 在线日历同步。iOS 也能这样直接同步吗？答案是肯定的。我以 iPhone 为例介绍操作步骤。

STEP 01 进入设置，选择邮件、通讯录与日历→选择添加账户选项→选择其他选择→
选择添加 CalDAV 账户选项。

STEP 02 在服务器栏输入 [google.com]（必须带有英文方括号），在用户名栏输入你的 Gmail 邮箱，在密码栏输入你的密码，在描述栏输入 Google 日历，点击下一步按钮。稍候片刻，在账户列表中会出现"Google 日历"，至此配置完成。

你以后就可以从 iOS 的日历应用中看到在 Google 在线日历中安排的事件了。

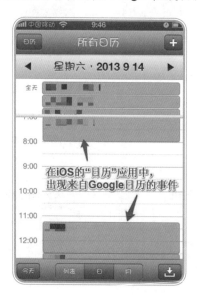

给力小技巧

在 iOS 的"日历"应用中，你如果想把新增的某个事件同步到 Google 在线日历，在添加事件时，务必把日历设定为 Google 日历。

◆ 同类比较

应　用	特　点	局　限
Cal	• 界面简洁，人性化交互设计 • 主题动画细腻流畅 • 短信和邮件提醒 • 定位导航	
Google 日历	• 操作简捷 • 同步 Google 在线日历	仅限 Android 4.x
iOS 直接同步 Google 在线日历	• iOS 原生内置，操作简捷 • 同步 Google 在线日历	仅限 iOS

◎ 四、出差管理

人在职场，肯定免不了出差。在手机 /Pad 上借助出差类 App，能让你的行程更加顺利，还能节省出差开销。

👤 场景 1：怎样才能随时随地订到最便宜最满意的航班

▲ 使用场景

出差前预订机票是件麻烦事：

- ⊙ 你需要统筹价格、准点率、安全性、舒适度等多个指标。
- ⊙ 你想订到价格便宜而且在其他方面让你称心满意的航班。

我推荐几款应用帮你应对以上场景，让你轻松订到想要的机票。

◆ 推荐应用

| 去哪儿 | iPhone | iPad | Android |

`STEP 01` 打开去哪儿→选择机票选项卡→ 输入出发城市、到达城市以及出发日期等信息 →点击搜索按钮 → 获得航班信息，可以通过筛选和排序功能快速选出适合自己的航班。

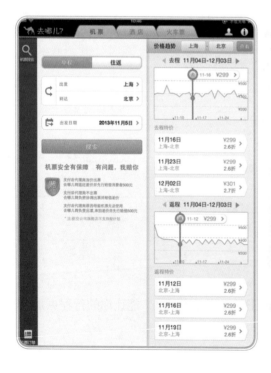

STEP 02 选择适合自己的航班→ 结合价格和星级选择合适的代理商。

STEP 03 输入个人相关信息 →点击提交订单按钮。

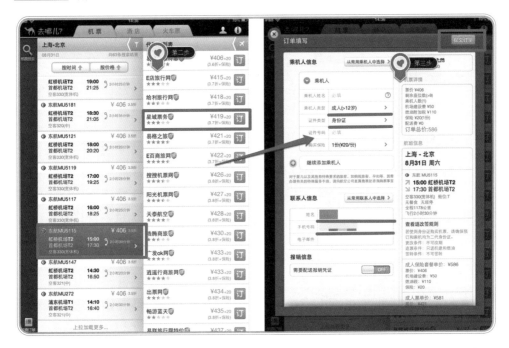

给力小技巧

（1）"去哪儿"支持支付宝、银行卡、去哪儿网余额支付等方式。

（2）在确定航班后选择"代理商"时，不要只看报价高低，还要注意他们的星级，以尽可能保证机票能够顺利出票。

（3）在去哪儿网购买机票后，可以改签。

| 酷讯机票 | iOS | Android |

酷讯机票整合来自各个网站的信息，全网比价，显示最低价格。此外，它支持航班动态查询，并包含了详细的信息服务，用户可在此找到机场的常用电话。

酷讯机票和去哪儿网的机票价格比较接近，举个例子，东方航空在去哪儿网的机票为7.2折，在酷讯的是7.1折；国航在去哪儿网的机票为8.8折，在酷讯为8.9折。

与去哪儿、携程、艺龙等App相比，酷讯机票的功能相对较为单一，只能预订机票，如果要预订酒店，需另外下载其酷讯酒店App。

◆ 同类比较

应 用	特 点	局 限
去哪儿	<ul><li>免费</li><li>可选航班多，价格便宜</li><li>支持网上银行支付等</li><li>保险必须购买</li></ul>	代理商较多
携程旅行	<ul><li>免费</li><li>页面布局简单，易操作</li><li>价格相对较高</li><li>保险自愿购买</li><li>新增航班准点率</li></ul>	价格相对较贵
艺龙	<ul><li>免费</li><li>价格相对较高</li><li>页面操作简明，切换效果美观</li><li>必须购买保险</li></ul>	<ul><li>暂不支持儿童票</li><li>目前只支持信用卡支付或支付宝支付</li></ul>
酷讯机票	<ul><li>全网比价，价格相对便宜</li><li>机场信息服务全面</li><li>淘一折功能</li><li>多种支付方式</li></ul>	功能相对单一

场景 2：如何掌握最准确最全面的航班动态

▲ 使用场景

- ⊙ 在价格时间等条件都差不多的前提下，你纠结于到底应该订哪一班。
- ⊙ 你想知道你订的这班准点率是多少。
- ⊙ 在接机时，你想知道对方乘坐的航班是准点到达还是已经延误。

◆ 推荐应用

| 航旅纵横 | iOS | Android |

航旅纵横是中国航信（国资委旗下唯一专业提供信息服务的中央企业，是中国国内国航、东航、南航等所有主流航空公司、机场、机票代理商的核心系统提供商）官方推出的唯一一款民航出行服务软件，数据最权威，信息最及时，可以说是最权威的查看航班动态的 App。

STEP 01　打开航旅纵横→机场概况→ 点击机场名称如上海虹桥并选择所要查的机场如北京首都，可以看到机场的概况。

STEP 02　点击航班动态按钮→输入所要查找的航班号和日期→点击航班查询按钮，可以看到航班是否延误、预计起飞时间和预计到达时间。

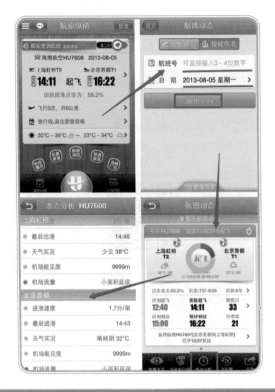

给力小技巧

（1）打开"机场概况"，可以通过下方的"接机屏显"来所要了解的机场的全部航班的信息，方便机场接人。

（2）"机场概况"菜单下方的"更多信息"中包含机场交通、路线方案、登机口等信息；"联系电话"菜单中包含了诸多服务的联系电话，便于应对突发状况。

◆ 同类比较

应 用	特 点	局 限
飞常准	• 免费 • 页面简单，页面文字信息多	• 不够直观 • 个人信息关联性较强
航旅纵横	• 免费 • 信息全面，更新及时，能显示航班准点率 • 无需添加，自动导入历史飞行记录	• 航班相对较少 • 只能查找或者电话预订 • 不能网络支付

◆ 好玩应用

寻鹿	iOS	Android

寻鹿提供机场室内地图信息，接机时与所接人相互定位。需要注意的是，目前寻鹿只支持北京首都机场、上海虹桥机场、上海浦东机场和广州白云机场的地图和信息查看功能。

场景 3：如何用最便捷的方法订到最便宜的酒店

▲ 使用场景

如果出差超过一天，你肯定需要选择一家这样的酒店：

⊙ 居住环境要舒适。

⊙ 价格要便宜。

⊙ 位置一定要在工作地点附近。

针对这一场景，我推荐几款应用，让你订到便宜又舒适的酒店。

◆ 推荐应用

| 艺龙 | iPhone | iPad | Android |

STEP 01 打开艺龙→点击酒店预订按钮→在打开的页面中输入地点、入住日期、离店日期等→点击查询按钮→选择自己满意的酒店（通过筛选功能）→选择自己的房间→点击预订按钮。

STEP 02 登录个人账户或非会员快速预订→在填写订单页面填写入住人姓名、联系电话等→点击信用卡担保按钮→在酒店担保页面单击提交订单按钮。

值得一提的是艺龙的酒店团购模块，该模块包含众多高档和经济型酒店，可以帮你节省不少钱。此外，艺龙在酒店预订方面，也从原来只支持信用卡支付逐渐转变到开始支持前台支付了。

虽然艺龙拥有众多优惠甚至酒店团购等相关信息，且不乏高档酒店，对于背包客和普通家庭来说，无疑是一大福利，但是，它的一大缺点是团购列表无法根据用户具体位置筛选出最近的酒店，这对出差者或驴友们而言比较麻烦。下一场景推荐的"今夜酒店特价"可以解决这个麻烦。

给力小技巧

（1）通过酒店团购可订到满意而又便宜的酒店。

（2）你可以通过价格、评分对搜索的酒店进行排序，或者通过高级查询限定价格星级、酒店位置等对酒店进行筛选，更加快捷地预订到满意的酒店。

（3）在查找酒店时，你可以将地点定位在工作地点附近，再对酒店进行筛选，可方便快捷地订到满意的酒店。

◆ 推荐应用

今夜酒店特价通过将今日剩余客房经移动互联网传递给相应的用户，以更低的价格来鼓励用户入住，既提高了酒店剩房资源的利用率，又为用户节省了资金。

当然，在今夜特价酒店列表中的酒店并不都是经济房，也包括三星级以上的酒店。它推出的特价房价格，大多数时候与艺龙的酒店预订价格非常接近。这款应用的优势是可根据与用户所在地的距离远近进行筛选特价酒店。这给处在一个陌生城市、想要快速入住酒店的出差者带来了不少方便。另外，今夜特价酒店支持支付宝和银联支付。

◆ 同类比较

应 用	特 点	局 限
携程旅行	• 免费 • 页面直观，操作简单	• 只覆盖国内酒店信息 • 酒店价格稍贵
去哪儿	• 免费 • 酒店价格便宜，酒店图片全面	• 只覆盖国内信息 • 代理商相对较多，选择繁杂
Expedia	• 英文界面，涵盖全球航班酒店信息，界面简洁清新 • 适合国外出差人群	• 付款方式不支持中国银联 • 主要针对欧洲人群

场景 4：人生地不熟，如何以最快速度打到出租车

▲ 使用场景

　⊙ 出差中要赶时间去某个地方，自己的车又不在身边，打车肯定是首选。

　⊙ 你想快捷迅速地打到的士，不会被的哥的姐绕路坑骗。

◆ 推荐应用

滴滴打车	iOS	Android

STEP 01 打开滴滴打车→点击马上叫车按钮→进入注册界面。

STEP 02 点击预约按钮→在预约叫车页面输入出发时间、出发地点、到达地点 →单击确认发送按钮→ 等待司机抢单。

你也可以点击马上叫车并将其拖动到回家按钮，在第一次输入家庭住址之后就可不再输入，直接叫车回家。

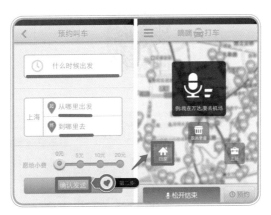

滴滴打车目前已经覆盖北京、上海等 10 个城市，并且该款应用的司机端拥有众多的司机用户，提高了叫车和上车的成功率。

给力小技巧

（1）在已经完成订单后，如想取消订单，需要首先跟司机师傅沟通，在个人账户中取消订单。

（2）在乘车过程中，为避免被司机绕路坑骗，可结合其中的地图进行搜索定位，查看路线和距离。

（3）在订车后，倘若预约或叫的车没有来或者被司机绕路，你可以在个人订单中对所叫车的司机进行投诉；相反，如果你在叫车后又有突发事件而无法准时上车需要及时和司机师傅进行沟通并取消订单，否则可能会被司机师傅投诉或给差评，影响以后叫车。

◆ 同类比较

应　用	特　点	局　限
滴滴打车	• 包含预约叫车和马上叫车，简单易操作 • 含有语音识别功能	• 直接语音呼叫 • 取消订单较烦琐
易叫车	• 应急打车软件，直接语音呼叫 • 地图结合，快速定位	没有预约叫车功能

◆ 好玩应用

全国出租叫车	iOS	Android

全国出租叫车是一款叫车应用，有 iPhone 和 Android 版本。它包含全国 100 多个城市的出租车电话，直接一键呼叫，简洁、方便。

场景 5：出差在外，如何最快速地找到最近的银行、医院等地方应急

▲ 使用场景

⊙ 来到一个人生地不熟的城市，一旦生病，就想最快速地找到药店或医院。

⊙ 手头现金不足，周围又看不到 ATM 机，想找最近的 ATM 机取钱。

⊙ 加班到凌晨，饥肠辘辘却找不到餐馆。

我推荐几款 App，帮你应对这些让人抓狂的场景。

◆ 推荐应用

百度地图	iPhone	iPad	Android

其实，最适合本场景的应用应当是百度身边指南。但是，百度身边指南在锁定一个地点时，要查看该处的位置或者去该地的路线，都会跳转到百度地图应用或者网页版百度地图，而百度地图首页却包含有类似百度身边指南的应用。所以使用百度地图便捷得多。

STEP 01 打开百度地图→点击搜索按钮→ 在搜索栏中输入要查找的地点→ 完成。

STEP 02 选择路线→输入出发位置、终点位置→点击搜索按钮，可以看到可以采取的交通路线；通过切换上方的交通方式显示不同交通方式下的交通路线图。

◆ 同类比较

应　　用	特　　点	局　　限
丁丁生活	• 查询线路、附近车站方便快捷 • 分类商圈快速入口 • 附近活动介绍	• 仅覆盖中国部分城市 • 附近活动仅覆盖上海
百度地图	• 免费 • 与百度身边应用相结合 • 操作方便快捷	仅包含中国详细地图

◆ 好玩应用

百度身边指南　　　　　　iOS

　　百度身边指南这款应用将各类服务行业分类，并与百度地图链接，快速定位其位置。它支持主要城市的酒店、餐厅预约功能，让你在陌生的城市里，一键搞定消费服务。

五、会议管理

会议是企业战略执行、内部控制的重要手段，是每个职场精英的必修课。会议的高效举办一方面在于主持人能够在会议前正确选择与会者，及时通知会议主题，会议期间对流程和时间进行有效的控制，会议后及时整理会议记录，做好会议的反馈工作；另一方面在于与会者在开会之前主动了解会议内容，做好充分准备，会上发言简明扼要，并能够就会议的主题进行有效沟通。

我推荐几款 App，能够为高效的会议提供有力的支撑。

场景 1：如何免费群发会议通知短信

▲ 使用场景

突然需要召开多人临时会议，你需要立刻通知对方，但是：

⊙ 发邮件通知，对方却不一定能立刻查收；

⊙ 打电话通知，对方可以立刻听到铃声，但打电话太耗时间。

只有短信通知，既能保证对方及时查收，又比较快捷方便。你可以用飞信免费群发短信，速度更快，费用更低。

◆ 推荐应用

飞信	iPhone	Android Phone	iPad	Android Pad

STEP 登录飞信→点击群发按钮→选择群发对象→编写信息→点击发送按钮。

给力小技巧

（1）中国联通、中国电信的用户也可以注册飞信，实现跨网沟通。

（2）未开通会员的飞信用户最多可以加 500 位好友，开通会员的飞信用户最多可加 1000 位好友。

（3）iPad 端群发短信每次最多可以选择 100 位收信人，每条短信不超过 180 字。

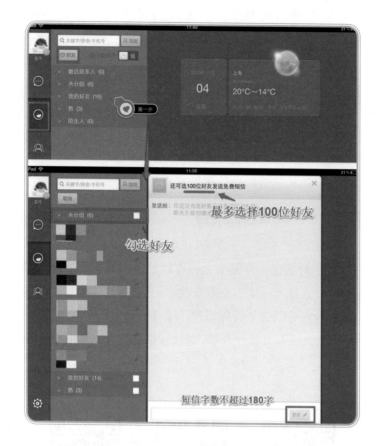

场景2：在没有无线网络的情况下，如何用手机快速组网开电话会议

▲ 使用场景

　　在外地出差时，临时需要与客户进行多方会谈，你需要一种通话质量最好、使用最方便的沟通渠道。

◆ 推荐应用

手机多方通话

STEP 01　拨打 A 电话→接通后，点击添加通话按钮。

STEP 02　保持与 A 通话→拨打 B 电话→接通后，点击合并通话按钮。

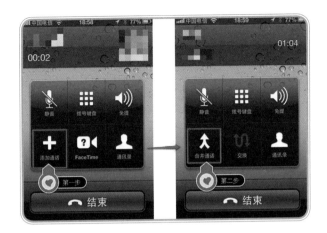

飞信多人电话（PC 端）

STEP 01　登录飞信 PC 端→点击多人电话按钮 📱 →点击选择联系人按钮选择联系人→
开始通话。

STEP 02　呼叫方通过 PC 端发起电话邀请→呼叫方收到以 12520 开头的电话→接通→
飞信业务系统自动连接被呼叫方电话→被呼叫方同意→电话接通。

◆ 同类比较

应　用	特　点	限　制	资　费
手机多方通话	• 通话质量好 • 可以跨网使用	• 价格较高 • 最多支持 6 方通话	• 收取主叫方与所有被叫方通话的费用 • 收取被叫方正常通话费用 • 呼叫等待时也收费
飞信多人电话	• 通过 PC 端发起邀请 • 通话清晰无延迟 • 语音聊天不泄露手机号码	• 必须使用中国移动的号码 • 最多支持 8 方通话	• 双向收费：忙时 0.25 元／分钟（8:00–18:00）；其余 0.15 元／分钟；漫游资费 0.5 元／分钟，主被叫相同 • 产生的话费不计入套餐

场景 3：在有无线网络的情况下，如何免费开电话会议

▲ 使用场景

　　想要召开语音会议，但是：

⊙　使用多方通话或飞信多人电话的成本比较高。

⊙　多方通话或飞信多人电话还限制参与人数。

　　所以，你想找到更省钱更高效的方法。QQ 和微信是不错的选择。

◆ 推荐应用

适合手机

QQ	iPhone	Android	iPad	Android Pad (1024×600)	Android Pad Mini (800×480)

　　QQ 可以发送语音信息，按住输入框旁边的图标 → 开始说话。

微信	iOS	Android

选择联系人→点击实时对讲功能按钮 🔘 →等待对方接受。

◆ 同类比较

应　用	特　点	限　制	资　费
 QQ	• 资费最省，适用于团队内部协作 • 支持全平台，使用不同设备的团队成员也可以借助 QQ 沟通	• 需要联网使用 • 最多 20 人 • 电脑与手机之间、手机与手机之间不能直接进行语音聊天，只能进行视频聊天	免费
 微信	• 资费最省，适用于团队内部协作 • 仅支持智能手机平台	• 需要联网使用 • 不能同时发言	免费

场景 4: 固话、手机、Pad 及 PC 如何快速组网开会

▲ 使用场景

⊙ 解决处在不同城市的员工的开会难题。

⊙ 远程与世界各地的客户进行交流从而削减出差成本。

⊙ 通过远程会议系统实现协同合作。

⊙ 实现远程演示功能。

◆ 推荐应用

Skype（以 PC 端为例）	iOS	Android Phone	Android Pad

STEP 01 登录: 打开 Skype →使用 Microsoft 账户或者申请新的用户名登录。

STEP 02 多人语音会议: 选中联系人→语音通话→点击加号按钮 邀请更多人加入通话（包括固话、手机或者 Skype 客户端）→实现多人语音会议功能。

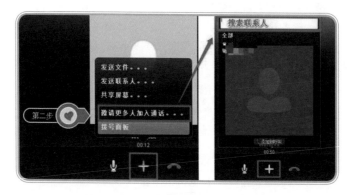

或者，点击 👥 按钮→拖动联系人至组群→点击呼叫组按钮→实现多人语音会议→点击保存组到联系人名单按钮，可方便下次呼叫。

STEP 03 会议同屏：通话中→点击加号按钮 ➕ →选择共享屏幕，便可实现会议同屏。

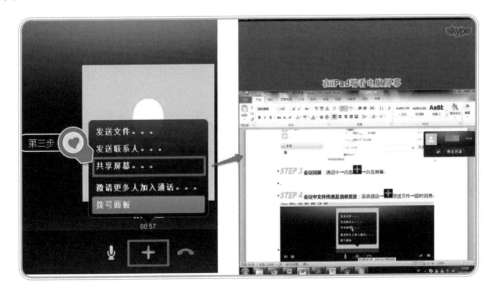

STEP 04 会议中文件传递及消息发送：语音通话→发送文件→即时消息。

STEP 05 视频会议：选择联系人→创建新组→拖动需要视频的联系人→点击视频通话按钮。

给力小技巧

（1）必须登录Skype并且保持在线状态才能接收来电和即时消息。

（2）邀请更多人加入通话、呼叫组及会议共享屏幕功能只能在PC端实现，手机端及iPad端只能接听电话和观看演示。

◆ 推荐应用

Gotomeeting（以PC端为例）	iOS	Android

注意：Gotomeeting的官方中文版称为"会翼通"。

STEP 01 多人语音会议：点击桌面客户端按钮→点击开始会议按钮→邀请其他人→其他人在手机、iPad端输入会议ID→通过VOIP或者长途号码加入会议→实现多人语音会议。

STEP 02 文件共享，团队合作

⊙ 共享 PC 端文件：在 PC 端点击显示我的桌面按钮→实现会议同屏（显示我的桌面可以采取整洁模式：隐藏图标、背景及工具栏）。

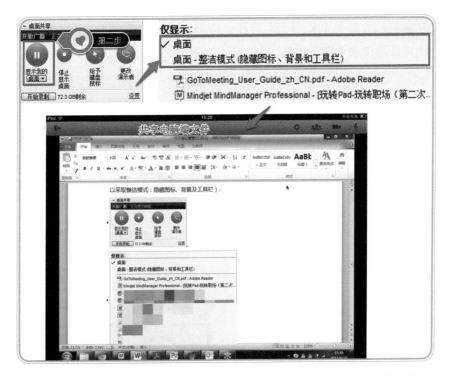

⊙ 共享 iPad 端文件：在 PC 端点击更改演示者按钮→ XXX 已为演示者→在 iPad 端点击需要共享的内容（从 Cloud 共享、从浏览器共享、从白板共享）→点击 ▶ 按钮开始共享桌面。

⊙ 参与者想要通过主持人的桌面进行演示：点击给予键盘和鼠标按钮→单击需要键盘和鼠标的参与者名称→参与者接收控制权→控制主持人的键盘和鼠标进行演示（此项功能仅限 PC 端对 PC 端）。

STEP 03 想要私下分享文字消息：打开文字消息→选择某个参与者名称或者全体会议人员→发送消息。

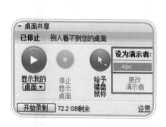

STEP 04 想要视频会议：打开摄像头→分享本地视频。

◆ 同类比较

应 用	特 点	限 制	资 费
Skype	• 品牌认可度高 • 通话质量较好 • 支持视频接入	• 最多支持 25 方通话 • 没有可接入的电话号码	• 通过 Skype 客户端参与语音会议免费 • 通过手机或者固话参与会议，由发起方支付拨打普通电话的费用（接听方手机需为单向收费或者非漫游状态）
Goto-meeting	• 支持 iPad 端及手机端发起会议和共享文件，功能强大 • 支持普通电话和耳麦的随时切换 • 可拨打电话接入（会翼通）	• 最多支持 26 方通话 • 费用较高	• 向 Citrix 公司购买 Goto-meeting 系统：49 美元 / 月 • 会翼通系统： 标准版 500 元 / 月，参与方接入电话按标准资费收取； 企业版 650 元 / 月，参与方在国内仅收取市话费，在国外则需支付国际长途费用

最后，我把上文提到的各款会议管理应用的功能作一个横向比较。

功能 \ 应用名称		多人语音通话 / 飞信	QQ	微信	Skype	Goto-meeting
基本功能	最多参与人数	6 人或 8 人	20 人	40 人	25 人	26 人
	会议时间安排及调整	不支持	不支持	不支持	不支持	支持
	会议录音录像	不支持	支持	不支持	不支持	支持
会议扩展功能	会议同屏	不支持	有限支持	不支持	有限支持	支持
	白板展示，团队协作	不支持	不支持	不支持	不支持	支持
	文件传输	不支持	支持	有限支持	支持	支持
	会议投票	不支持	不支持	不支持	不支持	不支持
	会议中公共或私人聊天	不支持	支持	支持	支持	支持
评价	易用性	简单	简单	简单	中等	中等

推荐阅读

Excel公式、函数与图表

作者: 华诚科技 ISBN: 978-7-111-35985-2 定价: 49.80元

Excel会计与财务管理应用

作者: 华诚科技 ISBN: 978-7-111-36118-3 定价: 49.80元

Word/Excel/PowerPoint三合一办公应用

作者: 华诚科技 ISBN: 978-7-111-35901-2 定价: 49.80元

Word/Excel办公应用

作者: 华诚科技 ISBN: 978-7-111-35900-5 定价: 49.80元